建设工程绿色建造调研报告系列丛书

山东省
建设工程绿色建造
调 研 报 告

中国施工企业管理协会·编

2023

中国市场出版社
China Market Press

中国计划出版社

·北京·

图书在版编目（CIP）数据

山东省建设工程绿色建造调研报告. 2023／中国施

工企业管理协会编. -- 北京：中国市场出版社有限公司：

中国计划出版社，2024.5

（建设工程绿色建造调研报告系列丛书）

ISBN 978-7-5092-2553-0

Ⅰ.①山… Ⅱ.①中… Ⅲ.①建筑工程-无污染技术

-调查报告-山东-2023 Ⅳ.①TU-023

中国国家版本馆 CIP 数据核字（2024）第 082852 号

山东省建设工程绿色建造调研报告（2023）

SHANDONG SHENG JIANSHE GONGCHENG LÜSE JIANZAO DIAOYAN BAOGAO (2023)

编　　者：中国施工企业管理协会

责任编辑：王雪飞

出版发行：中国市场出版社 中国计划出版社

社　　址：北京市西城区月坛北小街 2 号院 3 号楼（100837）

电　　话：（010）68034118／68021338

网　　址：http：//www. scpress. cn

印　　刷：北京捷迅佳彩印刷有限公司

规　　格：170mm×240mm　　1/16

印　　张：10.25　　　　　　　字　　数：140 千字

版　　次：2024 年 5 月第 1 版　　印　　次：2024 年 5 月第 1 次印刷

书　　号：ISBN 978-7-5092-2553-0

定　　价：80.00 元

《山东省建设工程绿色建造调研报告（2023）》

编 委 会

主　编：尚润涛

副主编：王　锋　韩　靖　刘　勇　杨玉苹　陈德刚　王　琳　黄　东
　　　　姜晓燕

委　员：（按姓氏笔画排序）

于瀚博　王　琪　王玉豹　王传星　王延明　王孝波　王景宇
孔德民　卢成城　田飞虎　付文浩　白云志　吕汝贵　朱鲁辉
伊永成　庄云峰　刘　凯　刘　欣　刘玉峰　刘茂霖　刘明庆
刘忠祥　齐振东　许卫晓　孙天雨　孙文志　李　宾　李　超
李　辉　李　锐　李本贞　李运杰　李雨欣　李国平　李春水
李家涛　杨位珂　吴占彬　谷　硕　张少洁　张吉峰　张绍骞
张峰榕　张嘉庆　陈　泽　陈　煜　陈生田　陈立生　邵东光
苗子臻　苗孔杰　尚朝帅　单世珍　孟令彤　赵连杰　赵修彬
胡林宏　贾铖成　殷惠娟　栾绍强　高　军　高　铭　郭志远
唐　晓　崔立秋　章晋旺　董先锐　蒋　鹏　焦　阳　温植正
廉德广　蔡　森　裴兆波　潘以杰　潘田飞

前言 PREFACE

　　为深入贯彻习近平生态文明思想，积极探索工程建设行业绿色发展路径，推动发展方式绿色转型。中国施工企业管理协会从 2019 年开始，联合中国中铁股份有限公司、中国交通建设股份有限公司、上海建工股份有限公司、中铁建工集团有限公司、山东电力工程咨询院有限公司五家企业，开展了"工程建设项目设计、建造和运维绿色水平评价指标体系研究"（简称"绿色水平评价指标体系研究"），取得了许多重要成果，形成了《工程建设项目绿色建造水平评价标准》。

　　"绿色水平评价指标体系研究"这一课题，由世界银行、全球环境基金与国家发展改革委联合设立，目的是按照党中央、国务院关于建立统一的绿色标准体系的要求，将分头设立的环保、节能、节水、循环、低碳等标准整合为统一的、可视化的、可操作的绿色标准体系，进一步规范工程建设项目绿色评价，促进绿色建造水平提升。

　　五年来，我们坚持边实践、边探索，联合各省市建筑业协会、工程协会，不断加大对《工程建设项目绿色建造水平评价标准》的推广运用力度，在指导绿色建造上发挥了积极作用。中国施工企业管理协会绿色建造工作委员会，对推广运用成果进行总结梳理，形成了"建设工程绿色建造调研报告系列丛书"，供大家学习借鉴。

　　本系列丛书按照一省一册的架构编纂，主要是考虑到绿色建造具有一定的区域差别，不同地区、不同环境对绿色发展有不同的具体要求，在绿色建造上有不同的特点。按照一省一册的架构编纂，既突出了绿色低碳发展的共性要求，又彰显出不同省市、不同区域的特色，有助于不同地区的企业相互学习、取长补短，使区域发展的经验成果变为大家的共同财富。

本系列丛书以工程建设项目为载体，根据项目建设在推动经济社会发展绿色化、低碳化的地位作用，归纳为生态治理篇、循环经济篇、城乡建设篇、绿色交通篇、减污降碳篇、绿色科技篇、绿色供应链篇、新能源篇等，根据区域绿色建造实际进行设置。在内容编纂上，突出对绿色发展理念的宣传解读，引导读者学习了解绿色发展的新思想、新观念、新知识，站在绿色发展的前沿思考问题、谋划发展；突出绿色建造问题的分析研究，对制约绿色发展的瓶颈问题，通过项目实践搞探索、找答案，既注重具体问题的研究解决，又提供了引领发展的思路、办法，引导企业探寻绿色建造的特点和规律；突出绿色技术成果的推广应用，包括绿色建造装备、绿色建造材料、绿色建造技术、绿色建造的管理模式、管理办法等，都在本系列丛书中有充分的体现。

绿色建造水平评价离不开对具体问题的定性、定量分析。本系列丛书的每一个篇章都附有行业绿色发展数据分析，包括材料资源、水资源、能源的节约和循环利用，垃圾控制和循环利用，二氧化碳排放等方面，并通过数据分析，指出绿色建造在技术、管理、材料运用等方面的发展趋势，方便读者就某一领域、某个问题进行深入学习研究。

绿色建造是一个不断学习、不断实践、不断探索的过程，我们真诚欢迎广大读者提出宝贵意见，以便于我们对系列丛书不断进行充实完善，使之在指导行业发展中发挥更大的价值和作用。

愿我们共同携手，为建设美丽中国作出新的更大贡献。

中国施工企业管理协会

2024 年 1 月

目录 CONTENTS

第二篇
行业数据分析

第三篇
未来方向及趋势

附录

第一篇
山东省工程建设行业绿色建造现状

山东省建筑行业绿色建造现状

（一）装配式建筑现状

"十四五"以来，全省新开工建设装配式建筑 1.33 亿平方米，2022 年城镇新开工建筑中装配式建筑占比达到了 30%以上。

在装配式建筑政策和市场引领下，装配式建筑产业快速发展，已发展成为重要建筑产业之一。自 2016 年国务院办公厅发布《大力发展装配式建筑的指导意见》（国办发〔2016〕71 号）以来，山东省装配式建筑产业走在全国前列。全省创国家装配式建筑示范城市 7 个、产业基地 34 个，总量居全国首位。实施绿色建材推广应用三年行动，全省累计有 191 家企业的 363 项产品获得绿色建材认证，济南、青岛、淄博、枣庄、烟台、济宁、德州、菏泽 8 市纳入国家政府采购支持绿色建材促进建筑品质提升政策实施范围，数量居全国首位。青岛获批国家智能建造试点城市，淄博、济宁、日照、德州 4 市获批省级智能建造试点城市。全省累计投产装配式建筑部品部件生产企业 214 家，78 家企业被列为省级新型建筑工业化产业基地，初步形成省会、鲁南、胶东等 3 个相对集中的新型建筑工业化产业集聚区。

2022 年受疫情和建筑行业投资速度放缓影响，装配式建筑发展同样受到影响，山东省自疫情开始至 2022 年底约有 10%构件厂关停。虽受疫情影响，但相较于 2020 年，全省装配式建筑占比提高 10%以上。受大环境影响，装配式建筑的建造速度放缓，但是实现绿色低碳、高质量发展、高品质建造的总体发展趋势未改变。

装配式建筑可分为预制混凝土结构（PC）、钢结构和木结构等三大类，目前我国应用仍以 PC 为主。"十四五"规划进一步明确了装配式建筑方向以及相关的新型工业化、信息化、绿色化等趋势。装配式的相关顶层政策框架持续添砖加瓦，政策面逐步走向成熟。总的来看，近年来装配式建筑呈现良好发展态势，在促进建筑产业转型升级、推动城乡建设领域绿色发展和高质量发展方面发挥了重要作用。

根据《山东省新型工业化全产业链发展规划（2022—2030）》要求：到 2025 年全省新开工装配式建筑占城镇新建建筑比例达到 40% 以上，其中，济南、青岛、烟台市达到 50% 以上；培育 10 个以上各具特色的新型建筑工业化产业集聚区，产业链体系初步形成。到 2030 年，全省新开工装配式建筑占城镇新建建筑比例达到 60% 以上。根据《山东省装配式建筑发展规划（2018—2025）》要求，城市规划区内新建公共租赁住房、棚户区改造安置房以及政府投资工程项目全面实施装配式建造；新供应建设用地全面按比例建设装配式建筑；新建高层住宅全面实行全装修。根据工程类别、使用功能，选择适宜的装配式建筑构件类型。住宅建筑宜采用装配式混凝土结构，积极稳妥推进钢结构住宅发展。学校、医院、博物馆、科技馆、体育馆等公益性建筑以及单体建筑面积超过 2 万平方米的大型公共建筑宜采用装配式钢结构。山东省各市分别发布不同政策鼓励装配式建筑发展（表 1-1），除去新建公共租赁住房、棚户区改造安置房、政府投资的大型公共建筑均全面采取装配式建筑建设，其余社会投资新建民用建筑项目装配式建筑占比也各有规定。

表 1-1　山东省及各市发布文件一览

省/市	文件	概括
山东	《山东省人民政府办公厅关于贯彻国办发〔2016〕71号文件大力发展装配式建筑的实施意见》	到2025年，全省装配式建筑占新建建筑比例达到40%以上。
山东	《山东省装配式建筑发展规划（2018—2025）》	装配式建筑占新建建筑面积比例到2025年占40%以上。
山东	《山东省住房和城乡建设厅关于推动新型建筑工业化全产业链发展的意见》	政府投资或国有资金投资建筑工程应按规定采用装配式建筑，其他项目装配式建筑占比不低于30%，并逐步提高比例要求。
济南	《济南市人民政府关于全面推进绿色建筑高质量发展的实施意见》	新建住宅项目全面推行预制楼梯、楼板、非砌筑内隔墙、空调板、阳台板等部件。到2022年新建建筑中装配式建筑占比不低于50%。
济南	《济南市人民政府办公厅关于降低工程建设成本的实施意见》	建立装配式建筑项目负面清单。采用建设项目整体装配式指标计算比例方式。
济南	《济南市住房和城乡建设局关于落实济南市绿色建筑创建行动实施计划有关通知》	新建住宅项目全面推行预制楼板、楼梯、非砌筑内隔墙、空调板、阳台等预制构件。
青岛	《青岛西海岸新区住房和城乡建设局关于进一步推进装配式建筑发展的通知》	自2021年1月1日起，对新进入划拨、出让等供地程序的项目，装配式建筑面积比例达到40%，并逐年提高。
青岛	《青岛市人民政府办公厅关于推进装配式建筑发展若干政策措施的通知》	新建民用建筑应安排一定比例的项目采用装配式建筑，并逐年提高装配式建筑占比，到2023年达到50%。
潍坊	《潍坊市住房和城乡建设局关于调整2023年装配式建筑面积比例要求的通知》	2023年在提出住建领域建设条件时，对新进入供地程序的房地产综合开发类项目地块装配式建筑面积占比要求不低于35%。

省/市	文件	概括
潍坊	《潍坊市住房和城乡建设局关于印发〈潍坊市装配式建筑项目推进实施工作流程〉的通知》	2022 年取得土地使用权的项目应在剩余未开发地块中，增加剩余地块地上规划建筑面积 10%的"三板"应用面积。
潍坊	《关于调整 2022 年装配式建筑应用范围和面积比例等有关要求的通知》	2022 年，全市新进入出让和划拨供地程序的房地产开发项目地块，装配式建筑面积比例达到 30%以上。
潍坊	《潍坊市住房和城乡建设局关于 2021 年装配式建筑面积引用比例要求的通知》	对 2021 年新进入出让或划拨供地程序的地块，提出装配式建筑面积比例要求时，原则上市区不低于 27%，县市不低于 17%。
潍坊	《潍坊市人民政府办公室印发关于大力发展装配式建筑实施方案的通知》	2022 年，各区、市属各开发区装配式建筑占新建建筑面积比例达到 30%，各县市达到 20%。2025 年，全市新建装配式建筑占新建建筑面积比例达到 40%。
潍坊	《潍坊市人民政府关于印发〈潍坊市城市商品房预售管理办法〉的通知》	规划建筑总层数六层及以下的装配式商品房形象进度为正负零，七层及以上的装配式商品房建筑应完成加强层施工。
济宁	《济宁市住房和城乡建设局关于进一步明确装配式建筑推进政策和相关说明的通知》	原则上，新建学校、医院等公共建筑采用钢结构，其他项目装配式建筑占比不低于 40%，并逐步提高比例要求。
济宁	《济宁市人民政府关于加快济宁市建筑业高质量发展的实施意见》	预制竖向构件、三板、全装修、预评审严格执行。
聊城	《聊城市关于贯彻执行〈关于推动新型建筑工业化全产业链发展的意见〉的通知》	2022 年市辖区不低于 40%、县市不低于 30%。2023—2025 年，每年的装配式建筑面积占比数分别增加 5%，到 2025 年市辖区和县市分别达到 55%和 45%。
聊城	《关于印发聊城市 2020 年度装配式建筑实施要求的通知》	预制竖向构件、三板、预评审 2022 年 5月 1 日严格执行。

续　表

省/市	文件	概括
聊城	《聊城市关于进一步促进绿色建筑与装配式建筑健康发展的实施意见》	在道路桥梁、综合管廊、市政管沟等基础设施工程中，积极推广应用装配式技术。
泰安	《泰安市关于大力推广装配式建筑的通知》	2022 年 34%，2023 年 36%，2024 年 38%，2025 年达到 40% 以上，装配率不低于 50%。
泰安	《泰安市住房和城乡建设局关于〈关于调整装配式建筑装配率的通知〉的补充通知》	18 层以下（含 18 层）装配式建筑装配率调整为不低于 65%，18 层以上装配式建筑装配率不低于 50%。
泰安	《泰安市住房和城乡建设局关于进一步明确装配式建筑实施范围的通知》	明确装配式建筑实施的范围。
威海	《威海市关于进一步推进装配式建筑发展的通知》	到 2025 年，装配式建筑面积占新建建筑面积比例达到 40% 以上。
德州	《德州市人民政府办公室关于大力推进装配式建筑发展的实施意见》	到 2025 年，全市新建装配式建筑占新建建筑比例达到 40% 以上。
德州	《德州市住房和城乡建设局关于印发〈2018 年全市住房城乡建设工作要点〉的通知》	建筑业转型升级，全市力争再晋升 3～5 家总承包一级企业，推广高星级绿色建筑 30 万平方米，开工装配式建筑 50 万平方米，装配式建筑占新建建筑比例达到 12%。
淄博	《关于印发〈淄博市绿色建筑创建行动实施方案〉的通知》	2022 年，城镇新建民用建筑中绿色建筑占比力争达到 98% 以上，至少达到 80% 以上，城镇新建建筑装配化建造方式达到 30%，2024 年达到 35% 以上。
枣庄	《关于印发〈枣庄市装配式建筑高质量发展支持政策实施细则〉的通知》	政府加大对装配式建筑资金支持。

省/市	文件	概括
枣庄	《枣庄市住房和城乡建设局 枣庄市财政局关于加快推进我市装配式建筑发展的通知》	棚户区改造和公租房项目应全面按照装配式建筑标准建设,其他商住项目采用装配式建造方式规模不低于总建筑面积25%,逐年提高至 2025 年不低于40%。
烟台	《烟台市人民政府办公室关于进一步推进烟台市装配式建筑发展的意见》	六区及蓬莱市总体面积比例 2019 年不低于 25%、2022 年不低于 35%、2025 年不低于 45%,其他县市 2019 年不低于15%、2020 年不低于 25%、2025 年不低于 35%。
烟台	《烟台市关于设计阶段落实装配式建筑有关要求的通知》	新出让的开发建设项目装配式建筑面积占项目总建筑面积的比例应达到 40% 以上,并在土地出让文件或建设条件意见书中进行约定。
日照	《日照市人民政府办公室关于促进建筑产业绿色高质量发展的实施意见》	全市城镇建设用地范围内新建民用建筑(3 层以下居住建筑除外)应当采用国家和省规定的绿色建筑标准。装配式建筑占新建建筑面积比例逐年提高。
东营	《东营市住房和城乡建设管理局关于印发 2023 年全局工作要点的通知》	全市新增绿色建筑 180 万平方米以上,大力发展装配式建筑,全市开工装配式建筑占新建建筑比例达到 35% 以上。提升建筑能效水平,城镇新居住建筑全面执行 83% 节能。
东营	《东营市住房和城乡建设局关于进一步推进装配式建筑发展工作的通知》	中心城区范围内采用装配式建筑面积比例不低于 25%,其他县区(开发区、示范区)不低于 20%。
菏泽	《菏泽市人民政府办公室关于加快推进我市建筑业改革发展的实施意见》	到 2025 年,全市装配式建筑占新建建筑比例达到 40% 以上。

续　表

省/市	文件	概括
滨州	《滨州市关于进一步推进装配式建筑发展的意见》	2022 年，各区、市属开发区新开工装配式民用建筑占新开工民用建筑比例达到 30%，各县（市）达到 20%。2025 年，全市新开工装配式民用建筑占新开工民用建筑比例达到 40% 以上。
滨州	《滨州市推动新型建筑工业化全产业链发展实施方案》	2024 年 1 月 1 日开始，装配式建筑占比不低于 35%；2025 年 1 月 1 日开始，装配式建筑占比不低于 40%。全面推广预制内墙板、楼梯板、楼板。

案例 1　先行区崔寨片区保障性租赁住房 B-5 地块项目（二标段）绿色建造施工[1]

摘要： 先行区崔寨片区保障性租赁住房 B-5 地块项目（二标段）隶属济南起步区最大的保障性租赁住房项目，属 2023 年度山东省重点项目。租赁住房是支撑产业发展、人才引进的关键配套设施，建成后可为周边高新产业人才招引提供生活住房需求，有效解决新市民过渡阶段住房问题，增强区域人才吸引力，加速推动起步区区域经济和社会发展，具有重要民生意义和政治意义。装配式钢结构建筑在公共建筑中应用广泛、接受度高，对于高层住宅尚不多见，其装配率高、构件形式多样、体量多、精度高、施工内容复杂，高空作业长期存在且无外墙脚手架，"三阶段"高效施工组织、安全质量及绿色文明施工控制是项目管理重难点。本案例基于 EPC（设计-采购-施工总承包模式）模式特点，结合二星级绿建、二星级智慧工地建造标准，从设计优化、建造过程管理、环境保护、绿色科技创新及可持续发展等方面进行了绿色建造实施效果介绍，相应经验可对类似工程绿色建造提供有益参考。

---

[1]　执笔人：贾铖成，北京市市政四建设工程有限责任公司崔寨保障房项目绿建负责人，主要研究方向为绿色安全文明施工建设管理。

关键词： 装配式钢结构，保障性租赁住房，高层住宅，EPC 模式，绿色建造

1 工程概况

先行区崔寨片区保障性租赁住房 B-5 地块项目（二标段）位于全国第二个起步区——济南起步区，英才学院以西、孙大村以北、路寨村范围内，是起步区崔寨组团中重要民生工程，2023 年 6 月获批为山东省绿色施工科技立项项目。工程总建筑面积约 10.9 万 m^2，建设 8 栋高层住宅楼（地上 15 层/18 层），均采用装配式钢框架支撑结构体系，合同额约 4.9 亿元，采用 EPC 模式，开工日期为 2022 年 4 月 14 日，工期 730 日。项目装配率达 70%，按照绿色二星级建筑标准、二星级智慧工地进行设计建造，创优目标为山东省安全生产文明施工示范工地、泰山杯、中国钢结构金奖，绿色建造施工水平创建目标为二星级（见图 1 至图 3、表 1）。

图 1　鸟瞰效果图

图2　西南侧沿街效果图

图3　BIM效果图

表1　项目基本信息

序号	项目		内容
1	工程名称		先行区崔寨片区保障性租赁住房B-5地块项目（二标段）
2	工程地点		济阳区（先行区）英才学院以西、孙大村以北、路寨村范围内
3	开竣工日期		2022年4月14日—2024年4月14日
4	建设单位		济南先行城市发展有限公司
5	全询联合体单位	监理单位	山东鲁岩勘测设计有限公司
6		初设单位	山东省华都建筑设计院有限公司
7		勘察单位	山东鲁岩勘测设计有限公司
8	工程总承包单位	施工单位	北京市市政四建设工程有限责任公司
9		设计单位	同圆设计集团股份有限公司

2 工程特点、重点、难点

2.1 复杂水文地质，基础及支护设计要求高

场地土层主要为粉土层、粉质黏土层，属中软场地土，地形起伏较小，地势相对较平，为典型黄河冲积平原地貌；场区地下水以赋存松散岩类孔隙水为主，具轻微腐蚀性，根据承压属性多为浅层潜水−微承压水，地下水位高（地表下 0.9m 可见水），地质条件差，同时地下二层及人防全在该标段，人防面积 18365.33m²，开挖深度达 11.3m，土护降、抗浮难度大，费用高，复杂工况下基础及基坑支护设计施工为重难点之一。

2.2 装配率高，构件形式多样，体量多，要求高，施工内容复杂，组织管理难度大

工程总建筑面积约 10.9 万 m²，钢用量约 7386 t，装配率达 70%，拼装构件约 154368 件，构件形式约 9600 种，安装精度达 2mm，合同工期730 日，整体工期紧，工艺新，体量大，施工内容复杂（见图 4），构件多，高空作业长期存在，且同小区相邻标段同步施工，场地受限，验收节点多（见图 5）、标准高，装配式钢结构高层住宅高效施工组织及安全质量控制为重中之重。

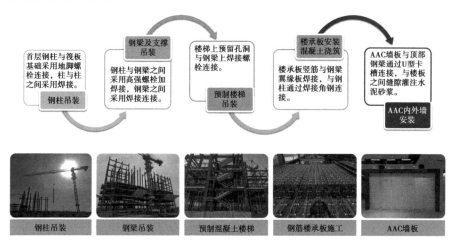

图 4 装配式钢结构施工工艺流程

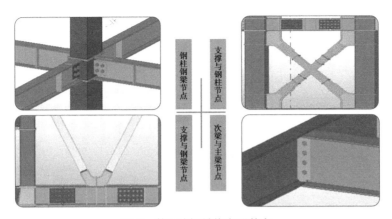

图 5 装配式钢结构主要节点

2.3 外围护体系立面造型多样，尺寸型号、安装节点复杂，施工难度大

项目外墙装饰造型纵横交错，形式多样，单栋长度达 600 余米；整体外墙板装配率达 80%，类型约 60 种，共计 1.5 万米，均需根据现场布置量取排版定做，内容复杂，同时外窗洞口部位较多，现场切割板材工作量大，相应节点需用角钢、扁铁、钩头螺栓等与主体结构加固连接，工艺复杂。屋面结构涉及 7 层建筑做法，且工序间歇养护周期长，影响施工进展（见图 6 至图 8）。

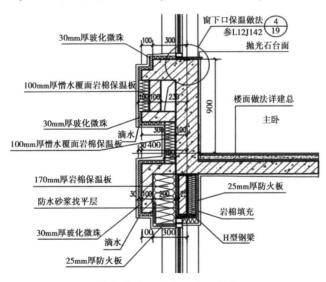

图 6 外墙装饰造型节点做法（单位：mm）

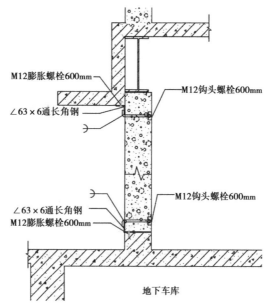

M12膨胀螺栓600mm

M12钩头螺栓600mm

∠63×6通长角钢

M12钩头螺栓600mm

∠63×6通长角钢
M12膨胀螺栓600mm

地下车库

图7 外墙AAC连接节点主要做法（单位：mm）

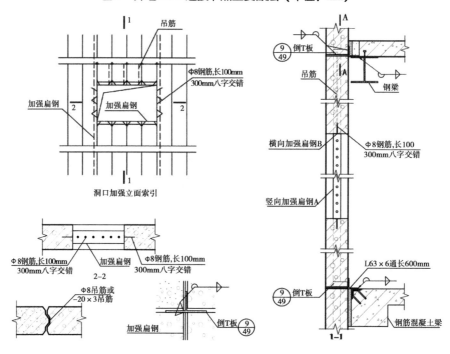

吊筋

Φ8钢筋,长100mm
300mm八字交错

加强扁钢

加强扁钢

洞口加强立面索引

Φ8钢筋,长100mm
300mm八字交错

加强扁钢

Φ8钢筋,长100mm
300mm八字交错

2-2

Φ8吊筋或
∟20×3吊筋

加强扁钢

倒T板
9/49

倒T板
9/49

钢梁

吊筋

横向加强扁钢B

Φ8钢筋,长100
300mm八字交错

竖向加强扁钢A

倒T板
9/49

L63×6通长600mm

钢筋混凝土梁

1-1

图8 洞口处墙板做法（单位：mm）

3 绿色建造实施中关键问题的解决和取得的效益

3.1 流态固化土填筑技术

工程基坑肥槽及主楼砖模超挖区域施工空间狭小、房心回填区域不规则，采用传统回填方法难以保证回填土压实度，需采用素混凝土回填。项目以现场广泛存在的外弃渣土作为主要原料，掺入与岩土特性相适应的专用特殊胶凝材料（固化剂），以及必要的水和外加剂，通过特定的搅拌机拌和均匀，形成具有自流平、自密实和自填充特点的固化土混合料，可采用溜槽、泵送的方式直接浇筑回填基槽，无须夯实或碾压，经养护后固化成为具有一定强度、水稳定性、低渗透性和保持长期稳定的固化土。流态固化土有极强的流动性和自密性，无须夯实，固化后土体密度在 1.6~1.9g/cm³，常用强度在 0.5~1.2MPa，并可根据设计要求进行调整，具有灵活性；与回填灰土相比，该工艺浇筑过程为液态，避免了施工扬尘，大大改善施工现场环境，且原材料 90% 为工程弃土，可实现就地取材，节省砂石类材料，相对经济环保，且可有效保证施工质量。对于该工程，相比采用素混凝土对肥槽等难以压实部位进行回填，可节约成本约 40 万元（见图 9）。

图9　流态固化土试验及填筑示意

3.2 囊式扩体锚杆抗浮技术

工程初期设计抗浮措施拟采用 PHC500 型抗拔桩，相应设计需 22m 桩长，场地土层自地表向下 15m 起为密实粉细砂层，抗拔桩无法施作。项目团队通过查阅资料、咨询专家及设计单位意见、实地考察等方式，决定采用非预应力囊式扩体锚杆抗浮。锚杆底部锚固段设置有承压囊袋，压力注浆时先进行囊袋注浆，在底部形成一个囊袋包裹的水泥结构。后续再进行外侧锚杆孔注浆及二次压浆，筏板施工时将锚杆锁定到底板上层钢筋网片上（见图10）。此工艺可实现抗浮防滑、成本低、安装简单，同时，底部囊袋扩体形式使底部混凝土承拉受荷变为承压受荷，力学性能显著提升，经优化可有效降低成本约 190.71 万元。

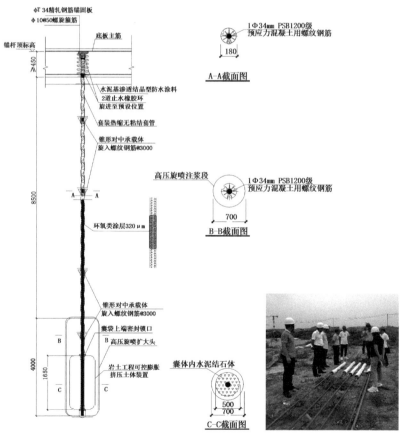

图 10　囊式扩体型抗浮锚杆构造图

3.3 工地物料运输车辆自动消杀技术

通过开展"工地物料运输车辆自动消杀装置的研制"创新型 QC（质量管理）活动，研发了一种工地物料运输车辆自动消杀装置，可以大大提高物料运输车辆进场前消杀的效率，由 24min 减少至 3min，人工成本由 41250 元降低到 470 元，降低工人消杀危险系数的同时，减少了人工及管理成本，保障了项目在疫情期间向着更安全、更高效的方向发展（见图 11、图 12）。

图 11　传统消杀作业

图 12　自动消杀作业

3.4 钢筋桁架楼承板支撑优化技术

分析钢筋桁架楼承板的结构受力，充分利用其自承特性，对其支撑架体布置进行优化，将原来每跨 3 排优化为每跨 2 排，每层节约材料 1/3、节约人工 3 人、节约工时 2h（见图 13、图 14）。

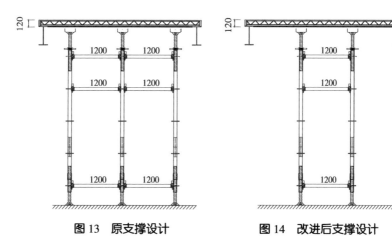

图 13　原支撑设计　　　　　图 14　改进后支撑设计

3.5 装配式钢结构高层住宅施工关键技术

基于 ANSYS 预偏模拟修正、靶向定位精准测控、首节钢柱精准定位装置等方法，进行施工变形控制，提高钢构件安装一次合格率至 90% 以上，调整误差累计值达 3cm，减少二次调整纠偏及对后续 AAC 墙板、二次结构砌筑施工影响，节约工时及成本。通过优化集成模块式泡沫混凝土新型墙板及拼缝处理涂料等专用配套产品，将围护体系接缝部位抵御变形能力提升至 300%，

图 15　优化实施

整体防开裂、防渗漏能力提升约 2 倍，有效减少后期维修高昂费用（见图 15）。采用 BIM 技术与智慧工地相结合，建立一体化协同管理平台，对钢结构施工过程进行多维信息化管控，提高管理精细度，通过深化设计、碰撞检查、工序预演、构件编码、高效精度控制等，减少施工误差，提高现

场效率，提升现场施工质量，截至目前共解决图纸碰撞 248 处，并进行净高优化、管线综合优化多处，进行三维可视化交底十余次，降低返工成本约 100 万元，节约工期约 30 天（见图 16 至图 19）。

图 16　易协同平台交互

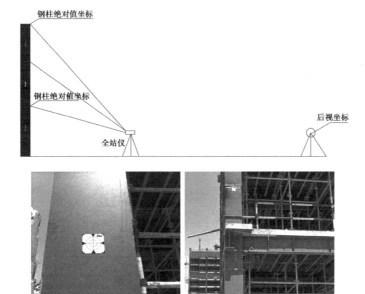

图 17　靶向定位测控方法示意

图 18 钢结构安装效果实例

图 19 围护体系安装实例

3.6 EPC 模式下黄河冲积区深基坑支护方案优选技术

基于工程实践，探讨黄河冲积区基坑支护形式，总结 EPC 模式下支护工程管控要点，建立 EPC 模式下黄河冲积区深基坑支护方案评价体系，优选最佳支护形式，通过优化将原计划采用的大放坡方式调整为"钢板桩+边坡喷锚+土钉"支护形式，经过测算，优化后土方开挖量减少 6208 立方米，相应费用节约 62.04 万元，相应方法可为类似深基坑支护设计及施工提供依据（见图 20）。

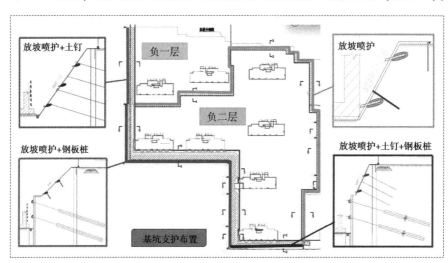

图 20 优化后支护平面布置

4 取得的社会、经济、环境效益

4.1 社会效益

该项目作为 2023 年度济南市保障性租赁住房项目建设劳动竞赛起步区重点推荐项目，相应绿色建造施工相关活动获得建设单位和全询单位的一致认可，顾客满意度达到 95%，获批为 2023 年度山东省绿色施工科技立项项目，同时被属地质安中心纳入山东省安全生产文明施工示范工地、省优质结构工程重点培育项目，并获评济南市 2022 年度建筑业防汛应急工作先进单位、2023 年济南市第一季度扬尘治理嘉奖，同时通过 2023 年度山东省建筑业新技术应用创新竞赛济南市初赛遴选。建造过程中参与地方标准制定 2 项、申报专利 5 项、撰写论文 4 篇，相关 QC 成果获市级一等奖 1 项、省部级一等奖 5 项、国家级三等奖 1 项、国家级一等奖 2 项，并分别被纳入山东省建筑业优秀 QC 小组成果汇编及北京市政协会优秀 QC 成果汇编；同时已完成绿色二星级建筑预评价工作，通过中国施工企业协会绿色建造施工水平过程检查，得分 85.5 分，社会效益显著。

4.2 经济效益

建造过程中项目充分发挥 EPC 模式特点，积极推动设计相关优化多项，积极开展技术创新活动，从设计至施工建造全面贯彻绿色可持续发展理念，提高施工效率，提高施工质量，减少人力、物力等直接投入的同时，显著缩短工期，节省维修返修、相应管理费用及机械租赁费用，产生可观的间接经济效益。截至目前共投入安全文明施工费用 680 余万元，相应创效约 1600 万元。同时"流态固化土填筑技术"已纳入企业标准，并形成系列固定产品，不断深化应用于多个项目。

4.3 环境效益

该工程为装配式钢结构高层住宅，建造过程中充分展现出扬尘少、垃圾少、节约资源等优势。同时积极开展和实践"流态固化土技术""囊式扩体锚杆技术""深基坑支护方案优选技术""钢筋桁架楼承板支撑优化技术"等应用，在建造施工过程中最大限度地节约资源、减少土地占用、保护环境，良好助力起步区黄河流域生态保护和高质量发展，助推新旧动能转换。

5 示范和推广意义

先行区崔寨片区保障性租赁住房 B-5 地块项目（二标段）作为山东省重点工程，对于起步区建设具有重要意义。基于工程的钢结构装配式、二星级绿色建筑、二星级智慧工地等特点，在钢结构施工过程中积极推广应用绿色建造新技术、新工艺、新材料、新设备，积极探索钢结构住宅工程绿色建造节能环保措施，并注重加强绿色建造的经验交流和总结，持续深化"四节一环保"方面可行管理制度和措施，不断改革完善施工工艺，为企业节能减排新技术注入新力量，并在起步区如火如荼的发展中起到良好示范作用，为相关工程绿色建造施工提供鲜活案例。

案例 2 济南奥体东 16 号地块开发项目
绿色建造施工[1]

摘要： 济南奥体东 16 号地块开发项目位于济南市高新区奥体东片区，紧邻济南市政府及奥体中心，总建筑面积 29.5 万平方米，是山东省在建最大群体超高层项目，工程模式为 EPC 工程总承包，由 A、B 两栋超高层写字楼及大型商业综合体裙房组成，2024 年全部交付后将成为毗邻济南奥体中心的生态金融城。项目为复杂双元地质深基坑，基坑深度 24 米，其中杂填土深 13 米，创新应用"降尘雨幕"系统，抑制土石方扬尘，节约人力、物力资源，并为加快土石方作业创造了有利条件。通过无线水电管控，对工程能源消耗高效把控，减少水电资源的浪费。项目装饰工程在地面、墙

---

[1] 执笔人：赵修彬，中建八局第二建设有限公司奥体东号地块项目绿建负责人，主要研究方向为绿色建造创新应用管理。

面、卫生间、隔墙等方面选用装配式装修，具有施工便捷、绿色环保、即装即住、维修方便等特点。项目积极运用科技创新技术，使用后浇带独立支撑、自动激光扫平仪等新技术新装备应用，将 BIM 技术应用在施工策划、施工方案模拟、深化设计等方面，将重难点及复杂节点进行分解，通过三维、方案视频动画等方式进行汇报、交底，大幅度提高工作效率。同时借助 BIM 技术进行图纸审核，已累计发现建筑、结构专业主要问题 61 项，避免后期出现拆改、返工等情况。

关键词：超高层，深基坑，降尘雨幕，BIM 技术

1 工程概况

济南奥体东 16 号地块开发项目（见图 1）位于济南市高新区，北侧为经十路，项目采用 A 类 EPC 模式，合同额 14.23 亿元，总建筑面积 29.5 万平方米，由 A、B 两栋超高层写字楼及裙房组成，A 楼地上 44 层、高 215 米，B 楼地上 39 层、高 190 米。A 楼、B 楼均为甲级写字楼，裙房主要功能是大型商业综合体，活力环将两栋塔楼和商业裙房联系为一体。建成后将成为毗邻济南市政府的区域金融中心，担当着"提升济南，领跑山东"的希冀与使命（见表 1）。

表 1 济南奥体东 16 号地块开发项目情况

序号	项目	内容
1	项目名称	济南奥体东 16 号地块开发项目
2	建设单位	济南立诚置业有限公司
3	施工单位	中建八局第二建设有限公司
4	工程地点	济南市经十路以南，辰鸣路以北，舜义路以东，新建路以西
5	开工时间	2021 年 3 月 16 日
6	竣工时间	2024 年 10 月 6 日

图1 济南奥体东16号地块开发项目

2 工程特点、重点、难点

2.1 地理位置特殊，环境综合管控压力大

项目四周1千米范围内居民住宅众多，北侧经十路对过为草山岭小区、万科金域国际天泰家园、沃德酒店、智选假日酒店等，南侧为中海·奥龙观邸、东城逸家等，东侧为汉峪金谷商业区，西侧为济南奥体中心及济南市政府。扬尘及噪声管理难度巨大，控制扬尘及噪声污染为重中之重。

2.2 场地狭小，专业分包队伍多，材料堆放过程管理难度大

该工程建筑面积29.52万 m^2，西临舜义路（已通车，车流量大），北临辰风路，南临辰鸣路（12地块主用）、东临舜英路（与东临工地八局一公司共用），施工场地狭小，可用施工用地面积仅11601m^2，受场地限制，材料堆放过程管理难度大。

2.3 装饰幕墙披肩双曲单元施工难度大

装饰幕墙披肩位置有90度单元板块，上下板块之间存在扭转角度，上下楼层为进深位关系，单元板块的定位及安装施工难度大。

2.4 地下室、管井内管线密集，施工难度大

该工程地下室及设备层管线密集，设备机房众多，星罗棋布。楼层内

管道井空间狭小，管道密集，竖向管道众多。

3 绿色建造实施中关键问题的解决和取得的效益

3.1 创新应用"降尘雨幕"技术

该项目"降尘雨幕"系统是对现场高压微雾主机进行升级改造，通过连接网络并与项目智慧工地相连接，并在基坑周围设置多个扬尘监测点，当扬尘监测系统发出预警时，智慧工地系统将自动下达高压微雾开启指令，起到及时降尘作用；也可通过远程遥控器进行远程操控，根据需求开启，操控简单，节约人员，智能操控。其特点是覆盖面积广、用水量少；每台高压微雾智能主机可使 600 米高压微雾水管达到最佳喷射状态，机器使用面积覆盖广，相较于传统的喷淋、雾炮，用水量大大减少；水雾颗粒细致，形成的水雾可有效降尘、抑尘，但同时又不影响土石方正常作业，水雾颗粒安全干净，也不会给作业人员带来不适，且大大降低了扬尘压力（见图 2）。该技术已被中建八局第二建设有限公司作为企业标准化管理措施收录在《绿色施工及智慧工地应用图册》中，给后续深基坑项目提供借鉴。

图 2　智能"降尘雨幕"系统开启实景

3.2 可拆卸材料堆放架体施工技术

安装加工棚及棚内材料堆放架体适用于建筑安装工程的所有加工棚，特别是适合现场场地狭小、分阶段施工、需频繁移动的工程。根据现场规划及临时安装加工棚图纸尺寸制作相配套的可拆卸材料堆放架体，货架参考尺寸：长 5.3m，平均分为两跨；每跨净宽 1.3m，每层净高 0.76m（见图 3）。该技术已被中建八局第二建设有限公司作为企业标准化管理措施收录在《绿色施工及智慧工地应用图册》中，给后续场地狭小的建筑工程提供借鉴。

图 3 可拆卸材料堆放架体实际应用图

3.3 可移动式伸缩吊机

伸缩吊机适用于任何形式的单元体板块安装，特别适合异形单元体幕墙、超高层单元体幕墙及附带遮阳造型采用内抽法施工的单元体幕墙工程。可移动式伸缩吊机可利用伸缩功能解决异形单元板块的进深方向错位安装的问题，解决了传统环轨吊装不能错位安装的难题（见图 4）。项目已发表《一种异型单元体幕墙施工工艺》工法一篇。

图 4　可移动式伸缩吊机实际应用图

3.4　BIM 应用技术

提前排布优化路径，避免管道碰撞。地下车库采用 BIM 模型，施工进度快，管道排布整齐，观感效果好。加强对专业分包管理，提前深化排布，过程按照综合排布施工，减少返工。通过 BIM 优化排布，将标准层吊顶标高相较于原设计方案提高 20cm，车库管线路排布更加合理整齐，提升观感，机房管线协同设备 BIM 优化排布，更加合理美观（见图 5）。计划申报龙图杯 BIM 奖、中施企协 BIM 奖、中国安装协会 BIM 奖等奖项。

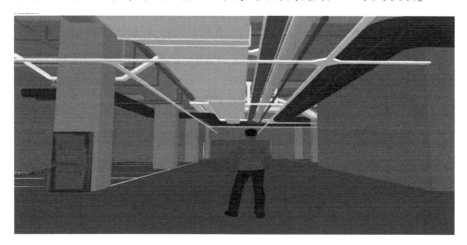

图 5　BIM 应用技术

3.5 装配式展厅

项目结合超高层施工特点，以"智慧筑基、智慧筑高、智慧筑精、智慧筑梦"为主题打造装配式智慧综合大厅（见图6），以施工工期为主线展示项目全生命周期智慧建造应用情况。智慧展厅由 15 个 3m（宽）×8m（长）的集装箱拼接而成，内部装饰材料与软硬件均根据集装箱装配式特点设计，便于项目完成后拆分、转运、重新安装，实现循环使用。项目目前已实施智慧工地系统 39 项，从传统工作模式向智能、易用、高效工作全面改革，做到"智能化建造、智慧型管理"，并获得首届"山东省智能建造与建筑工业化职业技能竞赛"一等奖。

图6 装配式展厅

4 取得的社会、经济效益

4.1 社会效益

济南奥体东 16 号地块开发项目将绿色施工管理和建筑垃圾分类作为重点任务，明确责任分工，以减量化、源头分类、资源化利用为原则坚定不移地继续推进绿色施工管理工作，防止资源浪费，保护生态环境，以及进一步加强建筑垃圾分类管理，保证措施落实到位，将绿色施工作为常态化任务，以实现"五节一环保"、争做公司排头兵为目标，将济南奥体东16号地块开发项目打造成"绿色项目"，承担迎接各级观摩，展示企业形象。济南奥体东16号地块开发项目被济南市扬尘办作为扬尘治理优秀项目推荐，接受多家媒体记者采访，被新浪网、济南泉生活、天下泉城、爱济南新闻客户端、齐鲁网、闪电新闻、齐鲁壹点等多家媒体报道，取得了良好的社会效益。截至目前项目已获得2022年度全省三星级智慧示范工地、山东省双碳劳动竞赛优秀奖、中建集团观摩样板工地、2022年度公司科技示范奖、国际安全奖等荣誉。

4.2　经济效益

项目正处于主体施工阶段，垃圾产生量小于200吨/万立方米，再利用率和回收率达到60%以上，钢筋精细化管理以钢筋分项工程为研究对象，以统计数据为依据，以提高项目管理效率与效益为目标，运用现代的科学管理模式把提高管理效能作为基本目标，用具体明确的量化标准去取代概念化的管理模式，将计划与采购、技术优化、加工管理、绑扎管理及对外结算等各个钢筋管理环节有机结合在一起，利用过程量化数据进行问题分析和管理纠偏，以实现钢筋分项工程的成本效益最大化。

5　示范和推广意义

济南奥体东16号地块开发项目作为济南市重点工程，在施工生产过程中，通过积极开展绿色施工工作，推广应用各项绿色施工"四新"技术，取得良好的经济效益和社会效益，通过绿色施工技术应用和科技创新应用，也将积累类似工程的相关施工技术和管理经验，提升企业核心竞争力。其中"降尘雨幕"系统主要适用于深基坑工程，其主要材料有：高压PE管、高压雾化喷头、快插单孔接头、快插三通接头、快插直接接头。现场安装中，在基坑上方拉设直径8mm钢丝绳；

钢丝绳拉设完成后，将喷雾管卡入挂钩，挂钩挂入钢丝绳中，钢丝绳的两端拉节点设置在基坑侧壁冠梁上，拉节点通过膨胀螺丝固定，钢丝绳穿过拉节点使用 3 个钢丝绳卡进行固定，检修方便，安装简单，待项目土石方阶段完工后可调拨至另一个项目，从而实现循环利用。装配式智慧展厅由 15 个 3m（宽）×8m（长）的集装箱拼接而成，内部装饰材料与软硬件均根据集装箱装配式特点设计，便于项目完成后拆分、转运、重新安装，实现循环使用。

（二）绿色建筑现状

绿色建筑方面，山东省住房和城乡建设厅制定印发《山东省绿色建筑标识管理办法》，建立标识分级认定和动态退出机制；修订发布山东省《绿色建筑设计标准》《绿色建筑评价标准》，编制《绿色建筑施工图设计审查技术要点》《绿色建筑运行维护技术导则》；会同人民银行济南分行、山东银保监局建立绿色金融支持城乡建设绿色低碳发展储备项目库，征集确定星级绿色建筑等入库项目 133 个，为绿色金融支持城乡绿色发展提供依据。各市按照绿色建筑相关法规政策要求，新建建筑全面执行绿色建筑设计标准，政府投资或以政府投资为主的公共建筑以及其他大型公共建筑执行高星级绿色建筑标准。"十四五"以来，全省新增绿色建筑 4.43 亿平方米，2022 年城镇新竣工民用建筑中绿色建筑占比超过 97%。"十四五"期间，山东省新增绿色建筑 5 亿平方米以上，获得绿色建筑标识项目 1 亿平方米；到 2025 年，城镇新建民用建筑中，绿色建筑占比将达到 100%。主要措施包括推进绿色建材、构件和部品部件认证，培育装配式建筑构件和部品部件集成供应基地，加快构建绿色供应链。政府投资工程率先采用绿色建材，其中，政府投资或政府投资为主的城镇新建民用建筑全面推广采用绿色建材，星级绿色建筑项目绿色建材应用比例不低于 30%。鼓励社会投资工程建设项目采用绿色建材，引导新建、改建农村住房采用绿色建材。

山东省青岛市要求编制绿色建筑发展专项规划，完善绿色建筑管理制度，将绿色建筑发展指标列为土地出让的必要条件；完善优惠政策，积极推动高品质绿色建筑建设；编制青岛市第三方评价标识管理办法，推进绿色建筑统一标识和社会化评价；充实城市专家库能力建设，支持技术咨询、科技研发、评审认证工作；编制了《青岛市绿色建筑与超低能耗建筑发展专项规划》，印发了《关于进一步规范青岛市绿色建筑标识管理工作的通知》；全面推进绿色建筑建设，全市新建民用建筑100%执行绿色建筑标准，开展奥帆中心零碳社区建设。

案例1　德州市文化科技中心项目施工总承包一标段绿色建造[1]

1　工程概况

德州市文化科技中心项目施工总承包一标段（见图1），位于山东省德州市德城区康博大道以西，东风东路以南。由中国设计研究院崔愷院士团队进行项目设计，整体以"德州眼"为设计意向，呈扇形展开。自西向东依次建设党史军史馆，包括政协文史馆、展厅、主题厅、阅读区等；科技馆，包括展厅、实验教室、互动体验、环幕影厅等；青少年活动中心，包括青少年各类活动场馆、培训教室等。地上建筑面积为47162.7m²，地下建筑面积为15883.37m²，总建筑面积为63046.07m²，是集文化、旅游、文创、科普、教育、培训、会展、研学等多元共生、多业共赢的生态集群（见表1）。建成后将成为德州市地标性建筑群，对提升全市公共文化服务

---

[1]　执笔人：白云志，山东高速德建集团有限公司德州市文化科技中心一标段项目绿建负责人，主要研究方向为绿色建造多维度创新管理。

水平和文明程度、丰富和满足群众精神文化生活、提高群众思想道德修养和科学文化素质具有重要意义。

图1　德州市文化科技中心项目

表1　工程概况

项目	内容
工程名称	德州市文化科技中心项目施工总承包一标段
工程地点	山东省德州市德城区康博大道以西，东风东路以南
建设单位	德州长河文旅发展有限公司
设计单位	中国建筑设计研究院有限公司
勘察单位	德州市建筑规划勘察设计研究院
监理单位	德州城投工程项目咨询有限公司
施工单位	山东高速德建集团有限公司
开工时间	2022 年 10 月 18 日
计划竣工时间	2024 年 6 月 30 日

2 工程特点、难点、重点

2.1 清水混凝土构件多、体量大

该工程采用节能环保的设计理念，所有柱构件及外露的混凝土构件均采用清水混凝土作为装饰面，节约了装修工序中的材料、人工，减少了装修后室内有害气体的含量，达到节能环保的目的。该工程清水混凝土的沾灰面积约 $40000m^2$，清水混凝土方量约 $7000m^3$，清水混凝土施工体量巨大，在全市范围内位居首位。如何采取行之有效的成品及保护工作是施工控制的一项重大难题。

2.2 空间结构新颖，柱截面尺寸把控要求高

该工程整体结构呈扇形展开，主体结构 1~4 层框架柱均与地面呈 64°夹角，在屋面层汇于一点。因结构为扇形，故所有框架柱截面均向扇形中心呈现，所有框架柱截面为 86.5°，为非矩形截面，径向方向的梁底与梁侧呈 64°夹角，为平行四边形截面。框架柱角度在施工中难以把控，容易影响施工质量，是影响质量验收的重大难题。

2.3 弧形建筑物定位测量放线难度大，精准度要求高

该工程整体建筑物呈大直径弧形扇面展开，建筑物内所有构件均为弧形排列，由于弧形直径较大，建筑物圆心距离建筑较远，建筑物内的构件定位困难，环向弧形轴线无法定位。

2.4 斜向框架柱振捣难度大，控制实体气泡的产生为重中之重

该工程框架柱与地面未成垂直状态，与地面呈 64°夹角，在混凝土浇筑过程中，因钢筋步距及斜向布置等原因，混凝土振动棒无法直接到达柱根底部；与此同时，振捣时产生的气泡无法顺利地排出，易在斜柱上表面产生气泡现象。如何保证框架柱混凝土的充分振捣与气泡控制是主体施工的难点和重点。

3 绿色建造实施中关键问题的解决和取得的效益

3.1 清水混凝土配合比技术

对普通混凝土施工工艺及国内清水混凝土施工进行了解和分析，在此基础上改进总结，形成符合该项目的清水混凝土施工工艺（见图2、图3），达到外墙、室内装饰清水混凝土部位成型后观感、质量俱佳的目的。与此同时，清水混凝土技术极大地保证了绿色建造的顺利进行。

图 2 清水混凝土配合比技术实施过程

图 3 清水混凝土实体效果

利用定制五段式螺栓中的止流浆扣盖，确保梁的螺栓眼处清水混凝土无流浆、砂线（见图4）。

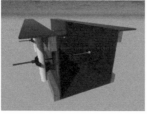

图4　定制五段式螺栓中的止流浆扣盖

3.2　斜柱钢筋支撑定位架体技术

该工程自主研发斜柱钢筋支撑定位架体。一是方便插筋，二是浇筑砼时钢筋不偏移。通过制定斜向64°控制框架体系，进行插筋工作，同时利用BIM技术指导施工，使斜柱施工工艺直观体现，解决了斜柱角度难控制、易出现偏差等问题（见图5）。

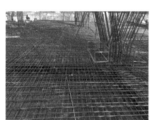

图5　斜柱钢筋支撑定位架体

3.3　高精准仪器BIM放线技术

该工程为扇形建筑，在数字轴方向以圆心为起点向四周辐射；以字母轴的圆心为中心呈同心圆形状，根据坐标点用极坐标法定出柱子中心及数字轴，再利用高精准放线仪器——天宝RTS771 BIM放线机器人转90°找出弦长方向，根据弦长距离确定另一个柱子的中心点，利用弦弧距确定建筑物的外轮廓线。最终根据设计院提供的轴网坐标图用GPS进行复核（见图6）。

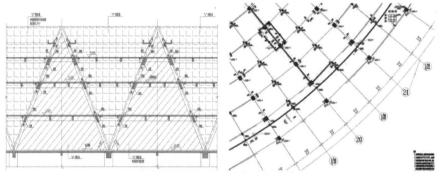

图 6　高精准仪器 BIM 放线技术

　　在斜框架柱支模方面，用传统木模支设出小角度非矩形截面及平行四边形截面困难较大，支设完成后容易产生胀模、漏浆等现象，所以采用工厂加工的定型模板来进行施工，保证了异形梁的美观及协调性（见图7）。

图7　斜框架柱支模采用定型模板

3.4　清水混凝土斜柱振捣串桶技术

第一步，解决气泡问题，将消泡剂和粉煤灰进行对比；第二步，降低掺合料用量，首先去掉煤灰，再降低矿粉用量；第三步，增加粉体用量，降低砂线；第四步，引入三乙醇胺等预制构件用增亮产品增加整体光泽度；第五步，在此基础上选用孔隙率、含泥量低的骨料，形成施工配合比；第六步，增加着色剂，将普通清水提升为装饰清水，试验完成。通过对斜柱浇筑混凝土时振捣的模拟，自主研发了"一种定向振捣结构及其施工工艺"，该工艺可在斜柱钢筋绑扎时预埋混凝土振捣串桶，使振捣棒能依靠串桶到达斜柱根部，达到振捣密实的效果（见图8）。

4 取得的社会效益、经济效益与环境效益

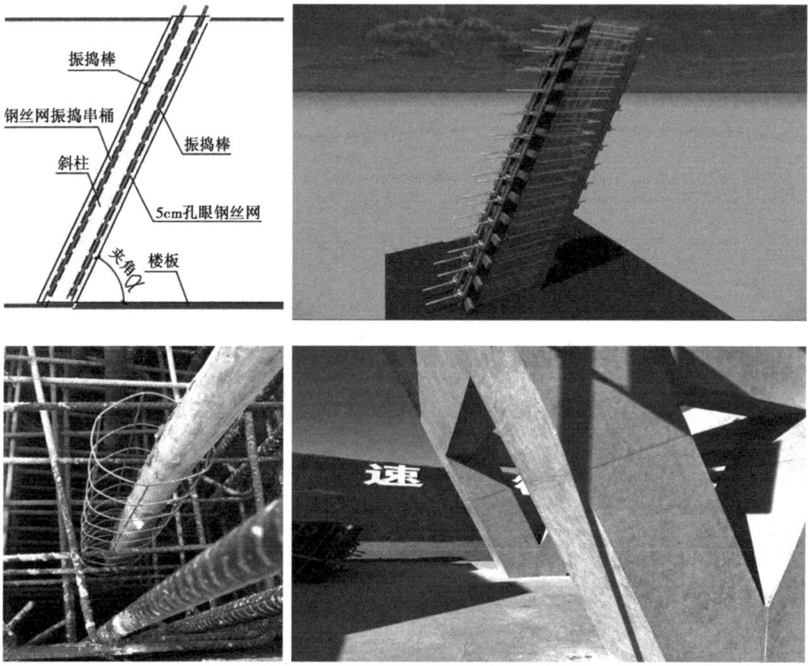

图8 清水混凝土斜柱振捣串桶技术

4.1 社会效益

作为德州市地标性建筑——"德州之眼"的文化科技中心项目，受山东省各级政府及德州市领导高度关注。坚持可持续发展原则，未来，科技展览、党史军史、青年活动等大型活动也会在德州市文化科技中心进行开展。在施工过程中多次迎接中国设计研究院崔愷院士团队的观摩指导工作，清水混凝土的施工效果及过程中产生的新技术、新工艺也得到了崔愷院士团队的一致认可。该项目深入实施绿色建造以及一系列工程技术研究与实践，符合国家实现"碳达峰、碳中和"的根本目标，持续推动了企业传统施工工艺的蜕变，向高科技领域、高标准工艺不断迈进，树立了企业良好形象，扩大了社会正面影响，弘扬了企业深蕴文化，提高了市场竞争能力。

4.2 经济效益

一方面，"四节一环保"的实施，以及大量新工艺、新材料的应用和技术创新活动的开展，节约了人力与物力，直接经济效益效果显著，间接经济效益也在持续显现；另一方面，工程结构质量的提升节省了相关的维修费用，避免了后期返工的发生，保证了施工工期，节约了管理费用及机械租赁费用，产生了可观的间接经济效益。

4.3 环境效益

绿色建造的实施能够有效改善工程建设的生态环境和施工现场脏、乱、差、闹的社会影响。在实施过程中，以环境保护与质量从优为根本，采用多类绿色建筑技术、绿色建筑材料，对环境、空气质量有了极大限度的提升。

5 示范和推广意义

德州市文化科技中心的建成，将大幅提升市区市民文化娱乐生活多样性，为市区的文化建设提升建立新的台阶。经济在不断发展，而市民的精神需求也在不断增加，城市的发展从解决"有没有"到了解决"好不好"的阶段，进而开始向科学化、精细化、智能化发展转变，应规划形成"一环、一心、两带、多组团"的布局结构。

该项目以绿色建造为主导，深入贯彻落实"碳达峰、碳中和"的低碳理念，积极采用绿色施工工艺，将智慧化系统深入应用至施工场区，是实现低碳、经济、美观、智慧化的社会工程。施工中多次迎接各级领导的观摩与深入交谈，取得良好的交流效果。在施工过程中多次迎接国务院国资委、山东省委、德州市政府领导的检查和指导，对工程建设及绿色建造应用给予了充分肯定和高度评价，为后续的大型公共建筑施工奠定了坚实的基础。

案例 2　济南市妇幼保健院新院区项目绿色建造施工[1]

摘要：建设一所立足市中心、覆盖全市、辐射周边的妇幼保健院，是保障广大妇女儿童身体健康的需要，也是促进济南市妇幼卫生事业改革发展的需要，更是保障济南市经济和社会发展稳定的需要。该项目建筑体量大且医院专业众多，施工难度大，工期进度管理难度大，场地狭小，工期紧迫，现场交通规划难度大。因此该项目开拓思路，提高管理人员和工人节能降耗与环境保护意识，把绿色建造与科技创新活动相结合，运用 BIM 应用技术、智慧建造一体化平台、永临结合技术等相关技术，做到降本增效。

关键词：市妇幼，绿色建造，科技创新，BIM 应用技术

1　工程概况

济南市妇幼保健院新院区（见图 1）项目工程总承包位于济南市市中区经十路 22029 号，总建筑面积 144168.15m²，其中地上面积 93972.64m²，地下面积 50195.51m²，床位 800 张，停车位 975 个；该项目合同工期为 2021 年 11 月 1 日—2024 年 10 月 16 日，共计 1080 天，项目总合同额 9.93 亿元，主要建设门诊医技楼、病房、行政后勤用房、餐厅、厨房、地下设备用房、停车场等，未来济南市妇幼保健院将建成国际先进、全国一流的区域性妇幼医疗保健中心（见表 1）。

---

[1]　执笔人：吴占彬，中国建筑第八工程局有限公司济南市妇幼保健院新院区项目绿建负责人，主要研究方向为绿色安全文明施工建设管理。

图 1 济南市妇幼保健院新院区

表 1 工程概况

序号	项目	内容
1	工程名称	济南市妇幼保健院新院区项目工程总承包（EPC）
2	工程地点	济南市市中区经十路 22029 号
3	建设单位	济南市妇幼保健院
4	设计单位	山东省建筑设计研究院有限公司
5	勘察单位	济南市勘察设计研究院
6	监理单位	天宇工程咨询有限公司
7	施工单位	中国建筑第八工程局有限公司
8	开工时间	2021 年 11 月 1 日
9	计划竣工时间	2024 年 10 月 16 日

2 工程特点、重点、难点

2.1 扰民控制

工地周边紧邻岔路街小区、经八路小学等，控制扬尘、光污染和噪声，最大限度减少扰民，确保项目正常施工和周边居民的正常生活是该工程的重难点。

采取的措施如下（见图2）：

一是注意环境保护，加强对施工过程中的噪声及光照的控制，降低对周边环境的影响。

二是现场设置隔音墙、混凝土泵车降噪棚，采用低噪声设备等降噪措施。

三是现场设置车辆冲洗系统、道路喷淋系统、围墙喷淋系统、封闭式垃圾池、焊烟收集器、吸尘一体式成品木工锯等扬尘治理设施。

四是配备焊接挡光板，调整塔吊大灯等光污染方向。

五是加强对工地施工人员的教育，禁止工人在工地周边实施破坏及偷盗行为，避免工人与项目周边人员发生冲突。

图2　扰民控制措施

2.2 扬尘及环境保护管理

该工程占地面积大，且紧邻经十路和居民区，施工过程中的扬尘控制及环境保护是重中之重。

采取的措施如下（见图3）：

一是现场设置扬尘检测系统，实时观测检测数据，根据检测数据采取相应扬尘处置措施。

二是项目部成立扬尘治理专项小组，由项目专职人员负责管理，负责道路清扫、裸土覆盖等。

三是现场设置车辆冲洗系统、雾桩喷淋系统、围墙喷淋系统、封闭式垃圾池等扬尘治理设施。

四是现场配备可移动雾炮、洒水车、垃圾分类站、吸尘一体式成品木工锯等扬尘治理设备。

围挡喷淋　　　　　　高压雾状　　　　　挖掘机配备雾炮

图3　扬尘及环境保护管理措施

2.3 工期进度管理

该工程总建筑面积约14.41万平方米，地下3层，地上17层，建筑体量大，且医院专业众多，施工难度大，工期进度管理难度大。

采取的措施如下（见图4）：

一是选用长期合作的优质劳务队伍进行施工，并合理配置劳务队伍数量及划分施工区域。

二是模板支撑架使用承插盘扣架体系，并增加支撑架体与模板的配备数量。

三是进行详细的施工策划，采用全穿插施工工艺，确保工序合理、施工顺畅。

四是采用跳仓法进行施工，确保后续工序提前插入施工。

五是合理进行平面布置，提高临时设施使用率。

图4　工期进度管理措施

2.4　创优管理

该工程质量目标为"鲁班奖"，工程质量要求高。

采取的措施如下（见图5）：

一是策划先行：明确创优创奖质量目标，建立健全质量保证体系，将业主、设计、监理、专业分包、劳务分包、材料供应商均纳入工程创优体系，并进行创优目标分解，保证了质量管理全过程受控。

二是"三全"质量管理：在工程施工过程中，严格按照质量标准进行过程管理，制定并落实质量预控措施、质量三检制度、样板引路制度、举牌验收制度、质量一票否决制度、质量责任制等一系列质量管理措施，并严格进行节点考核。

三是加强过程管控：根据设计，组织各分包单位对材料的环保、防火、工期、质量进行系统的前期策划。材料选定前，进行环保检测。

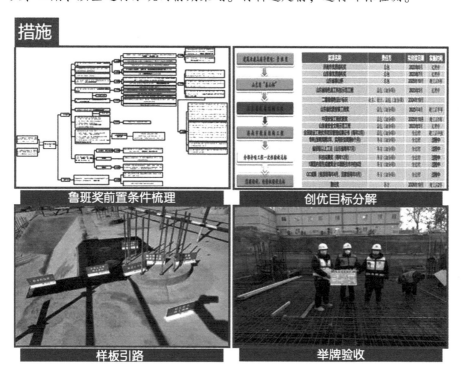

图5 创优管理措施

2.5 医疗工程专业多

医疗类项目工程专业众多，总包管理协调的内容除深化设计、进度、质量、职业健康安全、成本、综合事务、竣工验收及资料等方面的全面管理外，还需要负责综合管线图、成品保护以及现场临时设施、垂直运输设备提供、专业交叉协调等，增加施工计划顺利实施难度。

采取的措施如下（见图6）：

一是召开生产日例会：协调各专业之间工作，及时解决各专业施工存在的问题，确保现场施工顺利进行。

二是合理进行现场分工：对项目管理人员进行合理分工，明确每个管理人员的工作任务，确保项目管理无死角，及时协调解决现场施工问题，提高现场管理效率。

三是制定工作面交接制度：形成工作面交接制度，做到"工完场清"。

四是利用 BIM 技术深化设计：为业主提供最大的使用空间以及足够的检修空间，并降低后期拆改带来的无效成本，在全建设周期内深度应用BIM 管线综合技术。

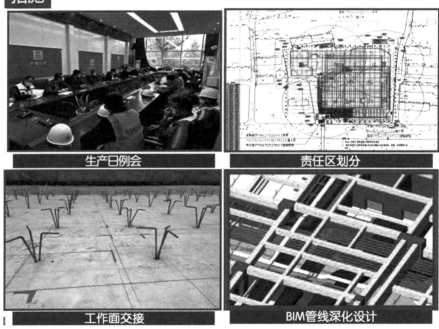

图6 医疗工程专业内容

2.6 手术室安装

装配式洁净工程（手术部维护结构）施工技术要点、难点是现场尺寸的放样及排版（见图7）。

采取的措施如下：

一是采用全站仪进行现场测量和放线，保障现场的精度，通过 BIM 技术进行排版，提高了排版的准确度。

二是按照洁净要求进行标准化、规格化、模块化，进行工厂工业化生产，再到现场进行装配、连接，实现洁净要求。装配式手术室较传统手术室施工周期节约 50%，节约施工成本约 5%。

图7　手术室实体

2.7　水资源节约

施工现场、生活区、办公区采用节水系统和节水器具，节水器具配置率为 100%，现场使用正式消防技术替代临时消防技术。在施工区设置采用混凝土自动喷淋养护系统比采用人工浇水养护节省约 1/2 的劳动力，同时大量节约水资源，在生活区餐厅采用食堂隔油池，保证油水分离、废水再利用。基坑降水重复利用，并使用雨水回收利用系统，收集的水作为道路扬尘用水及施工现场用水（见图8）。

基坑降水重复利用　　　　**雨水收集利用系统**　　　　**油水分离**

图 8　水资源节约措施

2.8　土地节约

深基坑支护技术减少土地占用，减少土方开挖量和回填量，最大限度地减少对土地的扰动。对现有场地进行分阶段平面布置调整，并按照平面规划分类堆放，提高场地利用率，缓解现场场地紧张局面（见图 9）。

标准化材料支架　　　　**深基坑灌注桩支护**　　　　**BIM场区规划**

图 9　土地节约措施

2.9　能源节约

项目节能灯具 100% 覆盖，采用智能照明、充分利用太阳能等自然资源代替传统能源，现场正式照明作为临时照明使用技术，从而达到节约用电的目的。现场使用低能耗空调，采暖采冷季节控制设定温度，办公区使用节能灯具，禁用大桶水热水器；使用限时限流装置、分体式太阳能、36V 低压照明、漂浮式施工用水电加热装置（见图 10）。定期抄表核算、纠偏；定期开展节能培训与宣传。

| 太阳能路灯 | 太阳能热水器 | 太阳能临边语音提示牌 |

图 10　能源节约措施

2.10　材料节约

在节材与材料资源利用方面：现场所有围挡、通道、加工场防护棚、加工场地面均采用可周转材料；主出入口地面采用可周转钢板；现场模板根据使用部位调配周转使用，废旧模板用于洞口封闭；所用施工材料就地取材，运送距离不大于 500 千米的材料占总量的 100%（见图 11）。

| 推拉大门 | 箱式板房 | 活动板房 |

| 可周转标准化防护 | 可周转标养室 | 可周转钢板路面 |

图 11　材料节约措施

2.11　质量管控

主体结构柱模板采用方圆扣，梁模板采用成品梁夹具，剪力墙根部采用防漏浆角铁，保证混凝土浇筑过程中模板方正顺直，防止漏浆出现烂根麻面等质量问题，拆模后阴阳角方正，混凝土表面观感好；砌体施工过程中采用混凝土浇筑漏斗，保证构造柱顶部一次浇筑到位，振捣密实。构造柱及过梁部位粘贴 KT 板防止漏浆，拆模后观感质量好（见图12）。

混凝土外观质量　　　　　　二次结构质量

图12　质量管控

3　绿色建造实施中关键问题的解决和取得的效益

3.1　BIM 应用技术

利用 BIM 技术进行场区规划、管线综合排布、碰撞检测与调整、屋面综合设计、建立虚拟样板、施工模拟、"BIM+VR 漫游"、BIM 智慧建造与运维一体化系统等应用，提质增效，确保工程顺利实施（见图13）。

图13　BIM 应用技术

3.2　智慧建造一体化平台

通过智慧建造一体化平台，选用或新研发对项目实用的功能，做到真正的信息化管理。例如基坑结构自动化监测、大体积混凝土测温、智能养护室、用水用电监测等（见图14）。

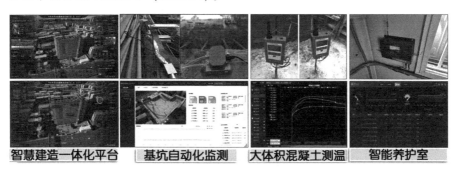

图14　智慧建造一体化平台

3.3　承插盘扣架技术应用

该工程内外架均使用承插盘扣式脚手架，承插盘扣架体系具有安拆便捷、施工和周转效率高、架体稳定性及安全性高等特点，可有效节约架体安拆时间，对节省工期和提高架体安全具有重要意义（见图15）。

图15　承插盘扣架技术

3.4　方圆扣龙骨模板体系应用技术

该工程柱模板加固采用方圆扣柱箍，梁模板加固采用成品梁夹具，提高模板周转率（见图16）。

成品梁夹具　　　　　　方圆扣柱箍

图 16　方圆扣龙骨模板体系应用技术

3.5　吸尘一体式成品木工棚应用

吸尘一体式成品木工棚可以将模板方木加工过程中产生的锯末同步进行清理，省时高效，符合绿色建造要求（见图 17）。

图 17　吸尘一体式成品木工棚应用

3.6　基坑变形自动实时监控技术

深基坑安全监测系统由监测主机、监测从机、各型传感器（土压力盒、锚杆应力计、孔隙水压计、混凝土应变计、沉降传感器等）组成。基坑自动化监测可实现实时采集、无线传输、数据汇总分析、超限预警等功能，与人工检测方法相比，该系统具有适应性强、不受天气和人工等因素的影响、精确度高、自动化和信息化等优点，更适用于复杂的超深基坑环境，在基坑监测领域已得到越来越多的应用（见图 18）。

图18　基坑变形自动实时监控技术

3.7　永临结合技术

前期进行详细的永临结合施工策划，提前进行部分正式工程施工用于代替临时工程。使用正式消防水代替临时消防水、正式楼梯扶手代替临时防护、正式排水沟箅子代替临时排水沟箅子、正式照明代替临时照明、正式污水泵代替临时水泵用于地下室排水等，达到永临结合、节约临时设施投入的目的（见图19）。

临时消防水永临结合　　地下室污水泵永临结合　　　　现场照明永临结合

图19　永临结合技术

3.8　装配式建筑应用

随着近两年装配式建筑的飞速发展，该项目采用轻质隔墙、成套供水设备等工艺。洁净辅助用房采用净化彩钢板。净化彩钢板采用工程预制化加工，厚度仅50mm，可有效节省空间，夹芯材质为防火岩棉，可达到防火要求，安装采用五龙骨工艺，安装效率高。施工周期缩短2/3以上，节约劳动力5%（见图20）。

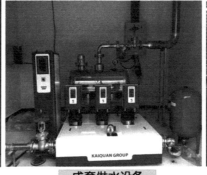

| 轻质隔墙实体 | 成套供水设备 | 净化彩钢板安装实体 |

图20　装配式建筑应用

3.9　智慧医院系统建设

智慧后勤管理平台是根据医院管理需求设置多种功能模块，基于物联网、大数据及数字孪生技术打造的智慧后勤管理平台，将数字孪生技术和医院后勤管理业务相结合。该平台目前在省内乃至全国都处于比较领先的地位。平台共设有五大功能模块，分别为综合态势管理、能耗监测管理、智能设施管理、空间分配管理和智慧服务管理，实现了医院后勤管理的平台化、一体化、集成化、智能化和驾驶舱式（切换到设备管理），能够解决传统后勤管理模式存在的"看不到、管不全、效率低"的问题（见图21）。

图21　智慧后勤管理平台

智慧病房系统是以物联网为基础的智慧病房系统。系统通过与医疗信

54

息化系统对接，进行数据整合与应用，根据使用对象和场景呈现出不同的数据交互画面。通过后台数据对接，平台可以有效提取各个病区关注的重点内容，根据病区关注点不同来显示重点医嘱项目。智能床头屏除了显示病人的基础信息，还有宣教、生命体征、用药查询等多个模块，实现了"数据多跑腿，患者少跑腿"（见图22）。

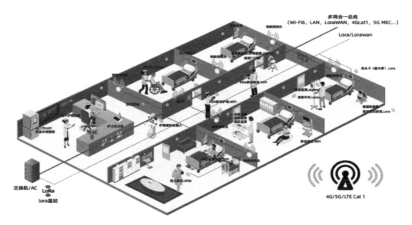

图 22　智慧病房系统

智慧安防系统包括 AI 视频监控系统、入侵及紧急报警系统、出入口门禁系统及综合管理平台等（见图23、图24）。

智慧平安医院安防解决方案以卫健委发布的智慧医院评价体系为指导，通过 AI、传感、大数据、云计算等高技术手段，使医院真正走向智慧化。方案以全感知融合、全智能应用、全数据呈现为设计理念。全感知融合主要是指通过摄像机等物联感知设备对医院进行全业务场景的数据采集，并对各个感知系统进行融合，以此为基础形成医院业务的智能应用（比如人脸识别、人员轨迹、智慧消防等）。可视化智慧管理平台可对医院运营相关数据进行整体或单点呈现，让医院的医疗服务更高效，管理更精准。

图 23　智慧安防系统

图 24　智慧安防系统实体

建筑设备管理系统主要由楼宇自控、能耗采集、环境监测、联网风盘、智能照明组成。系统通过软件平台对整个楼宇建筑的机电设备进行自动化管理，优化设备的运行状态和时间，延长设备的使用寿命，降低能源消耗，提高管理效率。

楼宇自控系统通过 DDC 控制器算法，控制冷热源主机、新风机组、空调机组、水泵、冷却塔、阀门，形成整套的逻辑控制，实现无人值守，设备自动合理运行。能耗采集系统运用智能网关，对建筑中的智能电表、水表、热表的数据实时采集，掌握能耗数据并上传建委节能办统一平台。联网风盘系统使用 RS485 方式对每个风机盘管的温控器进行联网，远程显示运行状态并控制温度、风速、故障报警，设定开启、关闭空调的时间，进一步降低楼宇能耗。智能照明系统通过 4 回路至 12 回路的模块，对公共区域灯光进行智能控制和管理，结合传感器形成人来灯亮，人走灯灭，具有开启关闭的时间管理、故障报警等功能（见图 25、图 26）。

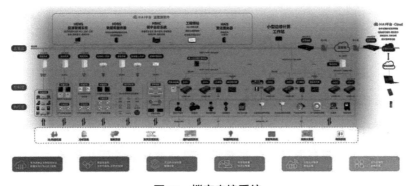

图 25　楼宇自控系统

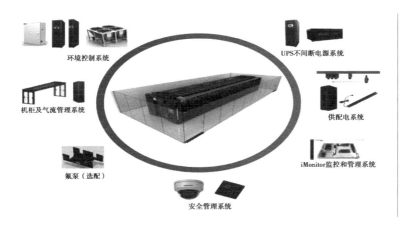

图 26　机房及动环监控系统

4 取得的社会、经济、环境效益

4.1 社会效益

该项目作为省市重点项目，已组织省级、局级观摩 2 次，公司级观摩 2 次；济南市新闻报道 5 篇，公司新闻推送 8 次；已发表国家级 QC 成果 1 项、省级 QC 成果 5 项、市级 QC 成果 7 项，获省级工法 3 项、市级工法 5 项，涉及施工方法、可视化管理、BIM 应用、物联网运用、智能建造、优化选材、实用设备等诸多方面。

4.2 经济效益

该项目已实现经济效益 159.98 万元，当前效益占比 1.92%；该项目采用轻质隔墙、成套供水设备、装配式洁净工程、工程预制化洁净辅助用房等工艺，施工周期缩短 2/3 以上，节约劳动力 5%。

4.3 环境效益

该项目通过绿色建造公示牌、绿色建造宣传标语、节约标识牌、绿色建造宣传画等措施让绿色建造深入每一个在场的施工人员内心，提高管理人员和工人节能降耗与环境保护意识，积极参加节能降耗活动；采取多项绿色建筑技术，紧紧把握为病患就诊方便、为医护人员管理方便的宗旨，设计便于使用与管理的现代化医院，在医院内部创造静谧的就诊、住院环境。

5 示范和推广意义

认真贯彻"五节一环保"必然产生良好的社会效益和经济效益。医院应加大绿色建造的教育力度，增强全员绿色建造的意识，强化绿色建造制度的执行力度，将每个施工人员的操作和管理能力最大限度地引导到正确的绿色建造方案中，明确质量内容并将其纳入绿色建造管理项目的日常工作；实施动态监控并与绿色目标责任制结合，补充碳排放控制措施相关资料并存档；收集各种施工效益相关原始数据资料，保证质控措施的落实。针对人员安全与健康管理方面，项目现场设饮水处、休息区、临时固定厕所、临时移动环保厕所、卫生所、食堂等必要的施工人员生活设施，每日有专人清洁环境、喷洒消毒、防止污染。在易产生职业病危害的作业岗位和设备、场所设置警示标识和警示说明。进入施工现场的所有职工上岗前，统一组织体格健康检查，特殊工种、有害有毒工种按职业病防治法定期进行健康检查，指导操作人员正确使用职业病防护设备和个人劳动防护用品。高温作业时，施工现场配备防暑降温用品，合理安排作息时间。工地食堂配制的午餐多选择含维生素 B 的蔬菜以及含多糖类和磷脂丰富的食物，以增强员工抗辐射能力。

该工程通过运用"四新"技术，有效达到了资源节约、环境保护的目的，企业树立了良好的自身形象，有利于取得社会的支持，保证工程建设各项工作的顺利进行。同时企业在绿色建造过程中既产生了经济效益，也派生了社会效益、环境效益，最终形成企业的综合效益。

参考文献

李聪，袁东辉，牛寅龙，2017. 浅谈绿色建造对建筑施工的影响［J］. 施工技术，46（S2）：1326-1327.

吴涛，2019. 绿色建造是推进建筑产业现代化的有效途径［J］. 建筑（6）：28-29.

肖绪文，2018. 绿色建造发展现状及发展战略［J］. 施工技术，47（6）：1-4，40.

案例 3　中科院济南科创城产业园泰山生态环境研究所（一期）[1]

摘要： 中科院济南科创城产业园泰山生态环境研究所是一家致力于环境

---

[1]　执笔人：潘田飞，山东省建设建工（集团）有限责任公司中科院济南科创城产业园泰山生态环境研究所项目绿建负责人，主要研究方向为绿色施工技术应用。

保护与生态建设的国际科研院所。项目建成并投入使用后将推动济南市在生态环境领域的科技创新，支撑环境质量改善和经济可持续发展，并辐射整个山东和黄河流域，助力黄河流域生态修复和高质量发展战略实施。将孵化出环境催化材料、吸附材料、膜材料、3D 打印环境分析仪器装备等一批先进的核心技术，实现产业化，形成以重大任务牵引、地方政府产业政策支持和商业化运作的三方联动产业创新模式，助力济南市争创综合性国家科学中心。该项目为省、市两级重点项目，其中大科学装置楼建成后将成为世界最大的"大气环境模拟系统"。鉴于上述较高的社会影响力，同时契合项目致力于生态保护的功能定位，所以将"绿色建造"作为施工阶段的主题之一。

关键词：中科院，绿色建造，BIM 技术，科技创新

1 工程概况

中科院济南科创城产业园泰山生态环境研究所（一期）项目位于济南市高新区庄科片区，春博路以西、经十路以南、港源六路以北、南围子山以东。该项目建筑面积为 101096.13m²，施工范围包括：技术转换与产业孵化中心楼、科技交流中心楼、生态保护与修复研究中心楼、地下车库及报告厅三区（见图1）。

建筑设计使用年限：50 年。

抗震设防烈度：7 度（0.10g）。

抗震类别：丙类（标准设防）。

建筑结构形式：钢筋混凝土框架结构。

人防工程建筑分类：甲类人防工程。

防护等级：常 6 核 6 级。

防化等级：二等人员掩蔽部丙级，物资库丁级。

地下室防水等级：一级。

技术转化与产业孵化中心楼，拥有独立基础、框架结构，地上 3~8

层，建筑面积 31176.19m²。

科技交流中心楼，拥有"独立基础+防水板"、框架结构，地上 8 层，地下 1 层，建筑面积地上 28730.97m²，地下 917.76m²，1 层层高 5.4m，2~8 层层高 3.6m。

生态保护与修复研究中心楼，拥有"独立基础+防水板"、框架结构，地上 5 层，建筑面积 15676.81m²，1 层层高 5.4m，2~5 层层高 4.2m。

地下车库及报告厅三区，拥有"独立基础+防水板"、框架结构，层高 5.4m，总建筑面积 24412.4m²。

图 1　中科院济南科创城产业园泰山生态环境研究所

施工单位：山东省建设建工（集团）有限责任公司。

建设单位：济南滨河新区建设投资集团有限公司。

勘察单位：济南市勘察测绘研究院。

设计单位：山东建筑大学设计集团有限公司。

监理单位：济南海河建设项目管理有限公司。

2　工程特点、重点、难点

2.1　社会影响大、质量目标高、争创"国优工程"

中科院济南科创城泰山生态环境研究所为山东省重点工程，社会影响大，迎检频次、规格较高，对项目部现场管理要求高。该工程质量目标为

"争创鲁班奖"，不仅要提前做好创优策划，对工程重要节点进行控制，而且要积极寻找新工艺、新材料代替传统做法，积极开展科技创新和绿色建造，保证创优目标的实现。

2.2 项目地质条件较差，开挖难度大

根据地勘报告及相邻地块地基观察，基坑下挖 1m 后基本坐落于中风化岩岩层，石方开挖量大（约 7.2 万 m³），地基处理占用工期长（见图 2）。

图 2　地质条件较差，开挖难度大

2.3 高大模板超限类型多、搭设范围广

存在搭设高度 8m 及以上、搭设跨度 18m 及以上、施工总荷载（设计值）15kN/m² 及以上、集中线荷载（设计值）20kN/m 及以上的多类型高大模板工程，其中技术转化与产业孵化楼 A 栋整栋均为层高超 9m 的高支模，同时展开面积大，给项目管理带来考验（见图 3）。

图 3　高大模板超限类型多、搭设范围广

2.4　装配式施工复杂

该项目科技交流中心楼建筑面积 29648.73m²，内外墙均采用 ALC 条板施工，整个楼体狭长，每层 55 个房间，操作空间狭小，给 ALC 墙板安装带来不便。科技交流中心楼 1~8 层顶板均采用叠合板，每层 374 块板，数量众多，预制楼梯每块重达 4.5t，给垂直运输带来困难（见图4）。

图4　装配式施工

3　绿色建造实施中关键问题的解决和取得的效益

3.1　细碎金属收集装置的研制

在主体施工阶段，地面掉落的大量铁钉、铁丝、螺母等细碎金属通常会混在其他垃圾中被清运，分离难度大。项目利用金属可被磁性吸附的特点，研制出一种细碎金属收集装置，将金属和其余垃圾分离并回收利用。该装置采用太阳能供电，其使用功能和自身构造都遵循节能环保、绿色施工的理念，并为工程施工创造一定的经济效益，节约成本 9.6 万元，该装置的制作及使用方法已获评济南市级工法并已申请发明专利（见图5）。

图5　细碎金属收集装置及相关证书

3.2 无人机倾斜摄影与 BIM 技术结合

该项目利用无人机倾斜摄影技术，通过航拍土方堆场，生成各阶段模型，通过模型对基坑范围内面积、体积等数据进行测量，对清表、开挖等工作起到了指导作用。与传统测绘方式相比，倾斜摄影测量具有作业简便、作业效率高、时效性高、输出成果丰富的优点。

该项目运用 BIM 技术生成模型，结合现场情况，对独立基础与岩石冲突处进行工序模拟，直观展现多版本、多阶段土方开挖方案并进行比选，检查开挖过程中可能出现的问题并解决，选取最佳方案，合理规划以保证工期，通过以上措施共计节省工期 15 天，减少开挖量与回填量约 1/5（见图 6）。

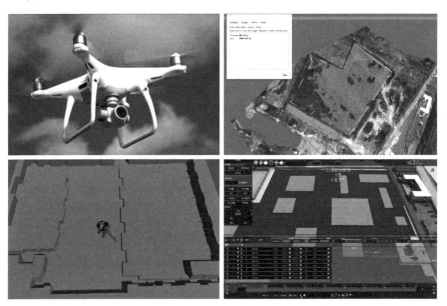

图 6　无人机倾斜摄影与 BIM 技术结合

3.3 重型预制楼梯纵向分段施工技术

该工程预制楼梯重达 4.5t，塔吊采用 2 倍率，最大起重量为 4t，换到 4 倍率也只能在 22m 范围内起吊，而且会降低效率。项目针对单块楼梯自重大的问题，对楼梯配筋构造进行设计优化，将预制楼梯平均分割成两块进行安装，减少了单次吊重量，从而无须使用较大型号的起重机械，即可完成吊装，降低了机械使用成本。该施工方法已获评济南市级工法（见图7）。

图7　重型预制楼梯纵向分段施工技术及相关证书

3.4　钢木组合式盘扣支撑体系

该工程高大模板体量大、超限类型多，且多单体同时施工，给项目的安全管理和成本控制带来一定风险，为提高架体搭设安全性并控制施工成本，设计了一种钢木组合式盘扣支撑体系：在梁底净高度超过5m的架体以及截面宽度≥60cm的梁底支撑采用双槽钢托梁的形式，梁底次楞采用"电焊圆钢管+木方"，这样可以降低梁底立杆，减少梁底木方的用量，还能增大梁底立杆间距并提高架体承载力，为防止梁底圆钢管滚动在梁底模板增加限位木条；对于施工总荷载超过15KN/ m^{2}的板子，其板底主龙骨采用50mm×100mm×3mm的矩形钢管，对于板厚150mm以内且跨度小于3m的板底主龙骨采用50mm×50mm×3mm厚双钢管，板底次龙骨采用"电焊圆钢管+木方"，这样不但提高了板底主楞的抗弯能力，增强安全性并且减小了立杆间距，节约了木方的用量。共计节约成本97万元。现该支撑体系已获得济南市优秀工法（见图8）。

图8 钢木组合式盘扣支撑体系及相关证书

3.5 简易 ALC 墙板搬运工具的研制

该工程针对 ALC 墙板装卸工作量大、操作效率低下、易在搬运过程中损坏的问题，研发了一种 ALC 墙板吊装机具，该机具主要由曳引机、钢管支架、钢丝绳、吊钩组成，可以快速装卸墙板，降低劳动强度，提高了施工效率。现该机具已获得实用新型专利授权（见图9）。

图9 简易 ALC 墙板搬运工具及相关证书

4 取得的社会、经济、环境效益

4.1 社会效益

中科院济南科创城产业园泰山生态环境研究所聚集大气科学、环境化学等相关领域高端创新资源，将建设成为国际一流的科研平台，提高济南在国家层面优化空气质量标准及目标体系，建立顶层制度框架方面的优势，将济南打造为减污降碳、协同增效的国际前沿研究理论创新中心和技术开发应用基地；助推济南市深度参与碳中和碳排放、减污降碳协同增效等国家重大战略工程，而在工程建设过程中实施绿色建造、运用各项新技术，实现资源节约和环境保护，完美契合了项目功能定位。在该工程举办的开工仪式上，中国科学院副院长、党组成员、中科院院士张涛，山东省委常委、济南市委书记刘强出席活动并致辞。中国科学院、中国工程院有关院士，生态环境部、中国环境科学研究院、国家自然科学基金委员会有关部门负责同志参加活动，活动过程被爱济南新闻、济南日报、济南电视台等多家媒体报道（见图10）。

图10　工程开工仪式现场

4.2　经济效益

项目通过新技术和新材料的应用，提高了能源利用率和土地利用率，降低材料和水资源的消耗，共计节约成本90万元，综合经济效益为2.53元/平方米，占总产值比重0.05%，经济效益显著。

4.3 环境效益

项目在建造过程中，优先利用场地内原有道路和设施、采取绿化、硬化、覆盖等多项降尘措施，绿化面积与临时用地面积之比大于5%，临建设施占地面积与临时用地总面积之比大于90%，不仅最大限度地保护场地原有生态，也为施工人员提供健康安全的作业环境。施工中采用的绿色环保建材，为工程建成使用后室内环境质量提供保障。

5 示范和推广意义

中科院济南科创城产业园泰山生态环境研究所项目作为省、市两级重点项目，在全市乃至全省科技创新工作中都占有重要支撑地位，是近年来济南打造区域性科创高地的一个缩影，对促进济南经济发展和济南科技力量提升发挥着重要作用，备受各界关注。项目在建造过程中，认真贯彻执行国家有关建设工程节能减排降耗和绿色建造施工的方针政策及有关规定，通过科学管理和技术革新，不仅在节约资源和环境保护方面取得良好成果，也提高了项目的成本、质量、安全文明管理水平，得到了建设、监理及济南市行业主管部门的肯定，获得多项荣誉。该工程连续3个季度被济南市住建局评为"扬尘治理较好项目"，并获得"山东省建筑施工安全文明标准化工地""山东省工程质量管理标准化示范工程""山东省建设科技（BIM技术应用）示范工程"等多个奖项（见图11），在济南市总工会组织的强省会4项竞赛中获得先进班组"一等奖"和"工人先锋号"荣誉。

图11 荣誉证书

（三）被动式超低能耗建筑现状

1. 山东省青岛市政策要求

落实现有优惠政策，促进超低能耗建筑发展，进一步完善超低能耗建筑管理办法和技术导则，以"集中连片示范"为推进原则，依托中德生态园和夏格庄镇绿色建筑产业基地，打造科研技术领先、集聚优势显著、产业规模突出的全产业链体系。在崂山区、西海岸新区、城阳区、即墨区开展近零能耗建筑试点示范。完成超低能耗建筑30万平方米。

2. 实际工作进展

青岛市住房和城乡建设局发布《青岛市绿色建筑与超低能耗建筑发展专项规划（2021—2025）》，规划期内累计实施超低能耗建筑380万平方米。

二、 山东省交通工程行业绿色建造现状

（一）市政道路工程绿色建造现状

青岛市政道路在工程设计环节使用仿石混凝土路缘石替代天然石材，进而实现多个工程天然石材"零使用"，如道路中常见的仿路缘石、仿石材砖等。

目前青岛市出台市政检查井技术导则，要求检查井及雨水斗均采用预制，低碳环保。

青岛市力推地下管廊项目，目前综合管廊在建项目越来越多，装配率越来越高。

青岛市是山东省第一个提出海绵城市建造的城市，近几年随着海绵城市建设速度的加快，随处可见海绵城市建设工地。

案例1　创业路工程施工二标段
（兴业路—双岭路连接线）[1]

1　工程概况

创业路工程位于临沂市西城核心区域，作为临沂西城陆港园区与木业产业园区的连廊，提升该区域交通效率、改善出行环境，对推动片区经济发展和物流畅通具有重要意义。创业路工程施工二标段全长3.4千米（见图1），规划为城市主干路，红线宽度50米，双向八车道（见图2）。工程

---

［1］　执笔人：李辉，天元建设集团有限公司分公司总工程师，主要研究方向为工程建设安全质量管理。

总造价 3.45 亿元，包含道路、桥梁、排水、电力、照明、交通安全、绿化等工程（见表 1）。

图 1　创业路工程施工二标段平面图

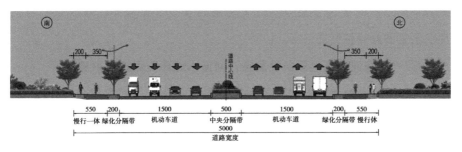

图 2　创业路标准段设计横断面

表 1　工程概况

序号	项目	内容
1	项目名称	创业路工程施工二标段（兴业路—双岭路连接线）
2	建设单位	临沂市市政工程建设管理服务中心
3	施工单位	天元建设集团有限公司
4	监理单位	山东大众工程项目管理有限公司
5	勘察单位	山东正元建设工程有限责任公司
6	设计单位	济南市市政工程设计研究院（集团）有限责任公司
7	工程地点	山东省临沂市兰山区义堂镇创业路
8	开工时间	2022 年 9 月 24 日
9	竣工时间	2023 年 10 月 15 日

2 工程特点、重点、难点

2.1 工程涉及改建管线众多,协调难度大

在工程范围内,存在高压线、中石油次高压燃气管道、热力管线等多种市政管线的动迁、新建施工,由于管线复杂、施工空间有限,并且涉及多家单位施工,如有管线冲突,将存在较大安全隐患。因此,需要对管线施工进行全面、全程控制管理。

2.2 过境重载车辆多,路面结构施工质量要求高

创业路作为临沂西城陆港园区与木业产业园区的连廊,西起新西外环,东至京沪高速义堂出口,过境运输车辆多、荷载大,对道路结构强度、承载能力等控制要求高。

2.3 小涑河流域地质条件复杂,河道水域环境保护要求高

该工程桩基数量多,且处于沂沭断裂带中段,岩溶空隙发育不均匀,存在第四系孔隙潜水和风化基岩中的裂隙水,地质条件复杂,泥浆流失耗用损失量大。河道下游为临沂新晋景点水韵琅琊,河道水质要求高。

2.4 工期紧,机械材料用量集中

施工作业点多面广,传统人工巡查机械油量消耗信息工效低,无法监管机械怠速、过度加速或急刹车而产生不必要的耗油,且各类设备来源不同、品类不同、工作时间不同。常有虚报、增报,出现"跑""漏"油现象,不能很好地对现有机械油耗进行实时管理。机械物料进场验收人为因素干扰多。

3 绿色建造实施中的关键问题和取得的效益

3.1 基于BIM技术的管线碰撞应用技术

创业路工程涉及管线复杂、施工空间受限,施工前建立各专业BIM模型(见图3),将平面转换成三维,可以直观地展示施工方案,使施工过程更加清晰明了,并能够及时调整方案。对于有冲突的管线及时协调迁改(见图4),避免将小问题传递到施工环节中,造成延误和返工。在施工前

充分验证各专业整合设计合理性，避免在实际施工中发生错漏碰缺的问题。

图3　桥梁建模

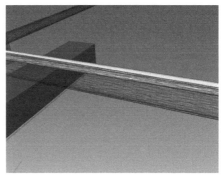

图4　管线碰撞

3.2　基于物联网的道路质量控制技术

创业路位于物流园区，车辆荷载大，施工前优化施工方案，改进常规碾压工艺。在整平、碾压完成后，提前洒水闷料，最后采用三钢轮压路机反复碾压，提高路面压实效果。提前找到路基薄弱点位，进行预防处理，减少出现路基弯沉数值不均的情况，提高路基整体稳定性。经检测，路基弯沉值达到126mm，满足重交通荷载对路基的要求。

项目将水稳、沥青混合料从拌和生产到施工现场管理的全过程作为管理对象，运用质量动态管理的方法，采用软硬件结合的手段，通过改造或利用现有各类设备，充分利用基于物联网架构的传感技术和网络传输技术，将混合料的生产过程、施工过程等数据信息进行实时采集，通过通信模块及时上报到服务器，动态、真实地反映工程质量状况，有效防范假数据、假资料等弄虚作假行为，实现各方对工程质量的动态管理与控制（见图5）。

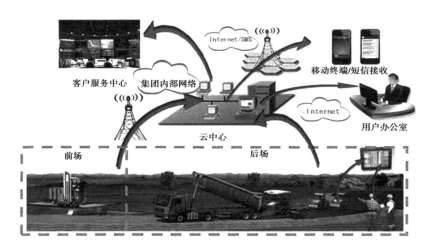

图5　混合料施工系统原理结构示意图

通过安装在拌和楼工控机上的生产数据采集终端,可对拌和楼生产的混合料进行实时监控,采集水稳、沥青关键参数。运输车通过身份识别终端、数据采集终端,自动识别车辆装料时间及行驶轨迹。摊铺机通过温度、摊铺速度采集终端,超过要求进行分级预警提醒。钢轮、胶轮压路机正常工作时,采集记录作业温度、速度,超过规定范围自动预警提醒,并在平台以不同颜色来区分实时监控压实轨迹、压实遍数、压实温度及碾压质量(见图6)。

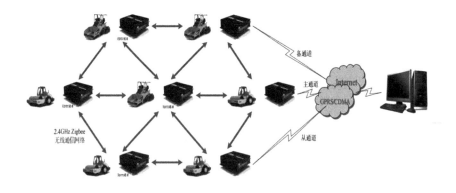

图6　压路机组网协同作业拓扑图

3.3 泥浆钻渣再利用施工技术

项目通过增加护筒长度，防止泥浆在岩石裂隙部位过多流失，减少泥浆用量；泥浆经过振动筛（见图7）、沉淀池粗过滤后，通过添加破胶剂、絮凝剂（PAM）、消泡剂去除水中发泡成分，2h后将絮凝处理（见图8）的泥浆通过压滤机分离，水分经过滤后可用于施工任务，泥饼经振动筛分后可用于绿化、回填土等。通过该技术，泥浆再利用3.6万 m^3，解决了施工现场泥浆污染破坏土体的问题，形成了一套系统而实用可行的关键施工技术，为后续类似工程提供了重要的借鉴意义。

图7　筛分机　　　　　　　　　　图8　泥浆絮凝

3.4 智能信息化管理系统应用施工技术

施工现场点多面广，机械作业面分散，项目部通过安装智能终端、油位监测仪和姿态监测仪等多种传感器进行数据采集，借助物联网技术，将设备的地理位置、工作状态、油量油耗等数据实时上传至云端，经过计算机运算与分析，在网页交互端和手机App端进行可视化展示（见图9）。进出物料通过摄像机抓拍车辆牌照、运输物料影像，配合智能地磅上传重量数据，自动生成过磅记录，全程无须人员干预，有效避免了作弊行为，有理有据地推动降本增效（见图10）。

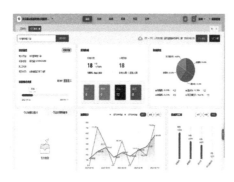

图 9　机械指挥官系统　　　　图 10　智能地磅系统

4　取得的社会、经济、环境效益

4.1　社会效益

创业路工程施工二标段绿色建造达标工作开展了一系列宣传教育活动，基层一线员工深入了解绿色建造施工，提高绿色施工意识，为下一步建造节约型、友好型工程打下坚实基础，树立起良好的企业形象。同时，连接周边物流园区，解决居民出行拥堵问题，扩宽道路，美化环境。

4.2　经济效益

一方面，大量新材料、新技术的应用及技术创新活动的开展节约了大量人力、物力，直接经济效益显著；另一方面，由于提高了结构质量，节省了维修费用，缩短了施工工期，根据工程定额，对施工区域、工程区段进行划分，制定绿色建造目标。通过资源节约与循环利用等绿色建造措施，绿色建造共节约了 **59.58** 万元。

项目通过优化设计，变更电力排管回填材料，减少费用 **79** 万元；对深基坑支护方案进行优化，减少土方开挖和回填量，节省费用 **42** 万元。

4.3　环境效益

在绿色建造施工过程中，从满足使用者的功能需求角度出发，采取多项绿色建筑技术。新建道路组成了道路网的骨架，联系了周边社区、物流园等，同时在建筑的全生命周期内最大限度地节约资源、保护环境、节约运行成本。

5 示范和推广意义

创业路工程作为临沂西城陆港园区与木业产业园区的连廊，备受各方关注，工程建造意义重大。通过智能化管理和技术创新，最大限度地节约资源和减小对环境负面影响，逐步实现"五节一环保"的目标，实现社会效益、经济效益和环境效益的统一。该项目依托创业路工程为载体，开展智能化道路关键技术应用，为企业提供绿色建造相关施工经验。

该项目以"绿色建造"实施过程为契机，加快数字化转型，强化市政基础设施建设全生命周期管理，倡导绿色低碳生产方式，为后续建设项目提供样板参考。

（二）铁路工程绿色建造现状

2021 年 4 月 25 日，《山东省省国民经济和社会发展第十四个五年规划和 2035 年远景目标纲要》在山东省人民政府网站发布。

目前，山东省普速铁路 4951 千米，建成了货运为主、客货兼顾"四纵四横"普速铁路网，铁路专用线 479 条约 1520 千米，为全省经济社会发展提供了支撑保障。为贯彻落实党中央、国务院关于推进运输结构调整的决策部署，打赢蓝天保卫战，打好污染防治攻坚战，提高综合运输效能，"十四五"期间，山东省将进一步挖掘既有铁路运输潜力，深入实施"公转铁"，有序推进"普铁电气化改造"工程，完成大莱龙铁路扩能改造，推进坪岚铁路、桃威铁路扩能改造，持续提升"四纵四横"货运铁路网效能。同时，加快实施"支线铁路进港入园"工程，深入推进港口集疏运、物流园区及大型工矿企业铁路专用线建设，打通铁路运输"最后一公里"。

"十三五"期间，"四横五纵"综合运输大通道加快贯通，济青高铁、鲁南高铁等相继通车，省内高铁成环运行，通车里程达到 2110 千米。城市轨道交通通车里程达到 339 千米，济南、青岛进入地铁时代。

案例1　新建南玉铁路站前工程二标项目
绿色建造施工[1]

摘要： 新建南玉铁路是广西自主投资建设的第一条时速 350 千米的高速铁路，西起南宁东站、北止玉林北站，是南宁至深圳高速铁路的重要组成部分。高速铁路施工与一般建筑工程项目相比，具有不同的特点：一是铁路工程项目规模大，占地面积广；二是铁路项目投入大，工期较长；三是高速铁路具有比一般项目更严格的施工质量和环境要求。基于上述特点，南玉铁路项目部在进场初期就建立了绿色施工管理体系和组织机构，及时有效解决了项目实施过程中的困难和问题，结合绿色施工相关要求，对绿色施工进行了初步的探索和研究，制定出台了一系列绿色施工制度和办理办法，通过应用绿色施工技术和施工材料，总结出一系列的关键技术成果和管理手段，有效确保了施工期间绿色施工的效果，为今后的类似工程提供参考借鉴。

关键词： 南玉铁路，高速铁路，绿色施工

1　工程概况

新建南玉铁路站前工程二标项目位于广西省南宁市，线路里程 28.10km，是设计时速为 350km 的双线高速铁路。主要工程内容有：区间路基 4.4km、26 段，桥梁 18.6km、26 座；隧道 4.92km、8 座，正线桥隧比 85%，箱梁预制架设 749 孔、无砟轨道 56.2km，以及相关大临工程，标段总投资 25.7 亿元（见图 1、表 1）。

---

[1]　执笔人：田飞虎，中铁十四局集团有限公司南玉铁路站前工程二标项目总工，主要研究方向为绿色建造创新应用管理。

图 1　线路概况图

表 1　工程概况

序号	项目	内容
1	工程名称	新建南玉铁路站前工程二标
2	建设单位	广西南玉铁路有限公司
3	设计单位	中铁第一勘察设计院集团有限公司
4	施工单位	中铁十四局集团有限公司
5	工程地点	广西南宁
6	开工时间	2020 年 6 月 10 日
7	计划竣工时间	2024 年 6 月 10 日

2　工程特点、重点、难点

2.1　工程特点

2.1.1　不良地质、特殊结构桥梁多，施工难度大

该工程地处广西南宁，由于其独特的喀斯特地貌类型，地形多为中小盆地，地质复杂，不良地质、特殊结构桥梁多，施工难度大。线路全长 28.13km，桥隧比 85%。地形从盆地到低山丘陵，地面起伏较大。岩性复杂多变，岩溶强烈发育，软土等不良地质分布广，施工内容包括钢混梁斜

拉桥、系杆拱、悬灌梁等特殊结构，以及穿越岩溶区的桥、隧群，施工难度大。

2.1.2 线路长、管理跨度大，绿色施工组织复杂

由于线路长，桥隧比高，环境复杂，特殊结构多，区间路基 4.223km、29 段，桥梁 18.817km、28 座，隧道 5.087km、8 座，还有箱梁预制架设、无砟轨道等。全线路基挖方 223.3 万 m^3、填方 35.3 万 m^3，桩基 95130m、4728 根，预制箱梁 759 片，各类混凝土 109 万 m^3。造成项目绿色施工管理难度大，桩基础施工及特殊地基基础处理过程中产生大量的废土、废渣，路基开挖取弃土会使沿线水土流失。如何合理利用弃渣，减少水土流失是绿色施工管理的难点。

2.1.3 便道等临时设施占地范围广

全线共 70 余个施工点，施工队伍庞大，呈带状分部，拌和站、钢筋加工场、办公区、生活区、预制梁场、预制构件、施工便道等临时设施都要占用一定的土地，且施工周期较长，需要合理规划临时用地、利用和改造乡村道路，尽量减少临时工程面积，降低临时工程对周边环境的影响和破坏。

2.1.4 机械设备多，噪声、震动影响大

南玉铁路站前二标项目始于南宁市青秀区，终止于横州市六景镇，沿线声环境保护目标 7 处，其中学校 1 处、居民区 6 处。目前铁路施工几乎全是机械化，旋挖钻机、吊车、挖掘机、装载机、渣土车、运梁车、架梁车等，设备噪声大，加上夜间施工，对周边的振动、噪声影响较大，应优先考虑低噪声设备，合理配置机械设备，提高设备利用率，降低机械设备成本以及对周边造成的影响。

2.2 控制性工程

六律邕江特大桥主桥长 621.5m（见图 2），是采用双塔双索面钢箱-混凝土混合梁矮塔斜拉桥，为国内时速 350km 双线高速铁路中最大主跨矮塔

斜拉桥。斜拉桥采用墩塔固结、墩梁支撑的半漂浮结构体系，正交跨越邕江，桥位所处的江面宽约300m。主墩桩基直径3m，桩长12.5~78.5m，位于岩溶发育区，个别桩基位于75m深的溶槽斜岩上，溶洞以全填充为主，填充物以粉质黏土及碎石类土为主，局部无填充，最大溶洞高21m。斜拉桥索塔横向布置为H形，实体为矩形截面，主塔高118m。主梁由混凝土箱梁和钢箱梁两部分组成，单个T构混凝土悬灌段为16个节段，其中0号块混凝土用量2547m³，结构高度高并且混凝土用量大；主跨的跨中为67m钢箱梁，两侧结合段各14m。钢–混结合段悬臂施工、斜拉索索鞍、索导管定位精度和索力控制技术难度大，大跨度斜拉桥整体线性控制要求高。作为主线路的控制性工程，六律邕江特大桥能否按时顺利完成，是保证整条铁路主干线能否顺利运营的关键。

图2　新建南玉铁路六律邕江特大桥

2.3　重难点工程

2.3.1　不良地质隧道施工

标段隧道范围内不良地质主要为岩溶，根据勘探结果，溶洞发育，且多集中于砾状灰岩段，多为无充填、半充填型溶腔充填物，以黏土为主，含砾。综合分析，场地岩溶属中等发育区。

2.3.2 桥梁岩溶桩基施工

施工范围内桥梁桩基钻孔见洞率高达 60%，最大溶洞可达 22m。跨越柳南高速设（65+120+65）m 连续梁，跨越青龙江、县道 X034、油气管线设标准跨连续梁，施工难度大。

2.3.3 岩溶、路基高边坡施工

路基多为裸露型岩溶路基，工点范围第四系全新黏土具弱膨胀性。工点范围内岩溶发育，沿节理裂隙发育有串珠状中小型溶洞。溶洞以无充填为主，局部半充填或全充填，充填物以灰岩碎块及少量黏土为主。工点岩溶一期整治工程采用不易塌陷区岩溶路基的布孔原则，查清岩溶分布，决定二期工程是否进一步实施分序孔，施工难度大，施工周期长。

部分路基路堑为高边坡工程，边坡高度大于 30m，路堑边坡多采用锚杆框架护坡和拱形骨架护坡防护。由上至下分层开挖，边坡开挖防护一级，防护工程施工难度大，工期长。

3 绿色建造实施中关键问题的解决和取得的效益

3.1 岩溶强烈发育地区大直径超长群桩施工关键技术

项目针对六律邕江特大桥主桥基岩溶强烈发育区的 3m 大直径超长群桩基础施工工艺进行研究（见图 3），利用钢平台施工桩基，减小汛期对主桥施工工期的影响；采用专用模具和孔口定位装置辅助钢筋笼加工及安装，确保钢筋笼施工质量和安全；采用综合成孔技术解决岩溶及斜岩溶槽带来的施工难题；采用改进清孔及水下混凝土灌注工艺，提高桩基清孔施工效率，确保桩基成桩质量全部为 I 类桩。针对该技术，项目部开展科技攻关，将施工成果提升为有数据、有过程、有创新的科技成果，形成工法 1 项，该工法荣获中铁十四局集团 2022 年度优秀工法、2023 年度济南市交通工程建设优秀工法。

图3 大直径超长群桩施工

3.2 118m 高 H 形索塔综合施工技术

项目建立 BIM 模型模拟液压爬模施工全过程，并实现全过程的工序管理（见图4）；从 C60 砼配合比的设计、高压拖泵的选型、泵送管道的布置等方面总结高强度砼泵送工艺；将现场实测实量与三维仿真模型分析相结合，并在塔柱倾斜部分增设可调整轴力的对撑装置达到控制塔柱线形的目的；分丝管索鞍的安装精度影响成桥索力，通过测量控制系统和改进工装的方法可实现索鞍的精确安装。

图4 118m 高 H 形索塔施工

3.3　高速铁路大跨度预应力单箱双室箱梁施工关键技术

六律邕江特大桥主桥主梁 0 号块长 22m，宽 15.2m，高 14.5m，砼 2154 立方米。项目针对 0 号块建立详细的 BIM 模型进行碰撞检查并优化钢筋布置，基于 0 号块体积大、钢筋波纹管密集交错等施工难点，综合考虑分次浇筑、砼配合比、布料形式、浇筑速率等因素，采取现场监控与数值计算相结合的方法优化 0 号块施工工艺。针对承重 1000 吨"超级大挂篮"的设计，与挂篮厂家开展深入合作，采用大挂篮施工主梁，使悬灌梁施工更安全；钢-混结合段悬吊施工，利用"超级大挂篮"改造成桥面吊机，对挂篮进行优化设计，加快了施工进度，降低了施工成本，对推动大跨度连续梁施工具有里程碑意义（见图 5）。

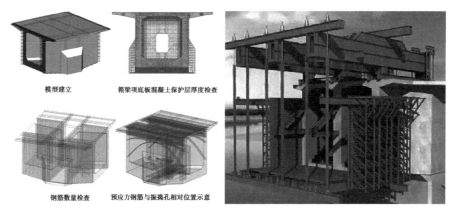

模型建立　　箱梁顶底板混凝土保护层厚度检查

钢筋数量检查　　预应力钢筋与振捣孔相对位置示意

图 5　大跨度预应力单箱双室箱梁主梁"超级大挂篮施工"

3.4　隧道 3D 扫描技术

通过 3D 扫描仪检查隧道开挖、初支质量，及时调整预留变形量，防止预留变形量过大或过小导致的超欠挖（见图 6）。通过 3D 扫描仪应用，平均超挖控制在 13cm 内，隧道初支喷射混凝土超耗率控制在 74% 内，有效控制施工质量及成本。

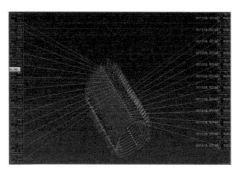
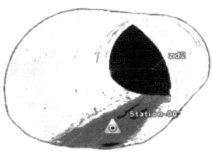

图6　隧道3D扫描技术应用

3.5　方案优化引领

开工伊始，项目部秉着"标准化示范引领，通过方案优化达到创效、节约工期"的理念为主导思路，围绕工程中"有效降低施工安全风险，有利于缩短施工工期"的原则，推动设计优化。截至目前累计优化方案14项，节约成本约2755万元，同时加快了施工进度。

3.6　大临工程标准化建设

临建工程秉承实用、满足需求的原则，按照"建设投资最小化、物料供应集中化、物流运输便捷化、总体布局工厂化、生产作业流水化"的思路，集中、邻近布置。临时便道利用地方道路扩宽或维修，有效节省临时用地，降低绿色施工管理难度（见图7）。

图7　大临工程标准化建设

3.7 信息化运用提升绿色施工水平

项目运用 BIM 技术建立完成斜拉桥、零号块及钢混结合段细部模型，解决了碰撞与二维图纸难理解的难题，促进了科学化施工。运用生产管理系统实时掌握现场进展情况，及时预警，动态纠偏，降低施工成本。运用生产安全风险调度管控系统，提前规避安全风险（见图8）。运用阿里巴巴、易采平台等网络采购平台进行二三类材料网络采购，通过"互联网+"的核心优势，解决了市场信息获取不足、采购透明度低、采购渠道狭窄等问题，截至目前，南玉项目网络采购金额约6886.23万元，相比市场价格，节约资金488.26万元，网络采购金额占完成产值比例4.16%。

图8　南玉铁路智慧科技管控中心及安全体验馆

4　取得的社会、经济、环境效益

4.1　社会效益

项目部通过加强绿色施工管理，按照"南玉速度，品质领先"建设理念，以"交投先锋+五融品质党建"为指引，运用科学的管理，使施工各环节、工艺、技术、安全、环保等切实受控，有效提高了项目绿色施工水平，先后组织4次安全文明施工现场观摩会，受到各级业主、监理、地方政府等单位一致好评，提升了管理能力和企业竞争力，曾获得中铁十四局集团2020年"模范职工之家"、2020年标准化文明工地、廉洁文化示范项目部、2021 年上半年铁路建设项目施工企业信用评价第三名及 2022 年上半年铁路建设项目施工企业信用评价第二名等荣誉。

4.2　经济效益

一方面，绿色施工十大技术的应用及技术创新活动的开展提升了绿色施工水平，节省了人力、物力，降低了能源消耗和环境污染，直接经济效益显著；另一方面，通过绿色施工管理提升了总体施工质量，节约了缺陷整治和维修的费用，缩短了施工工期，节约了管理费和临时用地、施工机械租赁等产生的费用，间接经济效益可观。

4.3　环境效益

通过选择和优化施工方案和工艺，应用绿色施工新技术，有效减少了资源浪费、降低了施工对环境的影响；通过绿色施工，加强节能减排，有效提高了噪声、扬尘、废渣废水的治理水平，通过采用绿色施工工艺，提高了能源利用率，减少了工程污染物和能源消耗。

5　示范和推广意义

南玉铁路建成通车后，南宁至玉林的行车时间将由 2 小时缩短到 50 分钟左右，对优化区域综合交通结构、构建现代化综合交通运输体系、推动广西北部湾经济区和粤港澳大湾区"两湾联动"、实现珠江-西江经济带区域协同发展具有重要的意义。

南玉铁路项目部牢记"诚信创新永恒 精品人品同在"的企业价值观，按照"品质南玉、绿色南玉"的建设理念，充分考虑绿色施工的总体要求，构建绿色施工体系，积极采用绿色施工工艺，精心组织、匠心施工，采取切实有效的管理和工作机制，在保证自身工程质量和工程安全的前提下最大限度地减少施工对周边资源的损耗，减少了对生态环境的影响，实现了节能、节水、节地和节约材料的目标，为创建和实现"绿色施工示范工程"积累了宝贵的经验，并在北沿江铁路、康渝高铁等项目得到广泛应用，取得良好的效果。施工中多次参与广西壮族自治区和广西交投组织的交流学习，取得良好的交流效果，得到了业主和地方政府的充分肯定和高度评价，达到经济效益和社会效益的平衡。

（三）桥梁工程绿色建造现状

山东省拥有桥梁 5440 座，在 2017 年中国各省城市桥梁数量中排名第四。

其中青岛海湾大桥一期工程是青岛市道路交通网络布局中胶州湾东西岸跨海通道的重要组成部分，也是山东省"五纵四横一环"公路网主框架的重要组成部分。该工程的建成将进一步完善青岛市东西跨海交通联系，促进青岛市经济战略西移，解决黄岛前湾港外贸集装箱的疏运，缓解青岛胶州湾高速公路日趋饱和的交通压力，扩大青岛城市主骨架，缩小青岛、红岛、黄岛三岛的时空距离，加强主城区与两翼副城区的联系，发挥青岛市在山东省经济发展的龙头作用，在加快胶州半岛城市群体的发展等方面，将起到极大的促进作用。

山东省住房和建设厅发文，将青岛市道路桥梁监管服务平台作为市政设施运维典型经验，在全省宣传推广。这是青岛市道路桥梁监管服务平台继此前入选赛迪研究院评选的"全国智慧城市十大样本工程"之后，再获认可。

案例 1　临沂市通达路枋河桥及两岸立交改造工程[1]

摘要：临沂市通达路枋河桥及两岸立交改造工程作为临沂市重点工程及重要跨河节点，建设意义重大。通达路枋河桥施工难点繁杂，施工要点众多，作为超高百米双曲变截面斜拉桥，主塔的钢混结合段构件冲突、空间定位安装等对施工工艺及施工技术要求极高。在建设过程中，通达路枋河桥工程将绿色施工作为核心目标，创新推广智慧工地系统、BIM 技术综

---

[1]　执笔人：陈煜，临沂市政集团七公司技术负责人，临沂市通达路枋河桥及两岸立交改造工程项目质量总监，主要研究方向为绿色建造技术管理。

合应用、临建设施装配式和碳排放预警及节能减碳云平台等技术，配合固废资源回收利用、建筑材料节约减耗等多项措施并举，为百米双曲变截面斜拉桥的绿色建造过程提供了实践案例，具有较好的推广意义。

关键词：斜拉桥，空间曲线结构，碳排放预警，BIM 技术应用，绿色建造

1 工程概况

临沂市通达路枋河桥及两岸立交改造工程（见图1、表1）位于山东省临沂市兰山区，主桥采用四塔柱双索面钢箱梁斜拉桥，整体为四肢分离式空间曲线结构，塔柱全高 100m。主要建设内容包括：桥梁、道路、隧道、排水、交通、照明、绿化等工程。工程造价约 13.7 亿元，建设规模 44.6 万 m²。

图1　临沂市通达路枋河桥及两岸立交改造工程项目

表 1　工程概况

序号	项目	内容
1	项目名称	临沂市通达路祊河桥及两岸立交改造工程
2	建设单位	临沂市市政工程建设管理服务中心
3	施工单位	临沂市政集团有限公司
4	监理单位	山东省建设监理咨询有限公司
5	勘察单位	山东省济宁地质工程勘察院
6	设计单位	华设设计集团股份有限公司
7	工程地点	山东省临沂市兰山区
8	开工日期	2021 年 9 月 1 日

2　工程特点、重点、难点

2.1　工程地处临沂市区，施工用地面积紧张

该工程地处兰山老城区与北城新区交汇地段（见图 2），周边城区开发程度高，施工现场及临建设施面积控制要求高，且祊河路隧道基坑长约540m，宽约 24.5m，基坑开挖最深处超过 12m，富含地下水，因此临建设施规划及基坑占地面积控制是工程的难点。

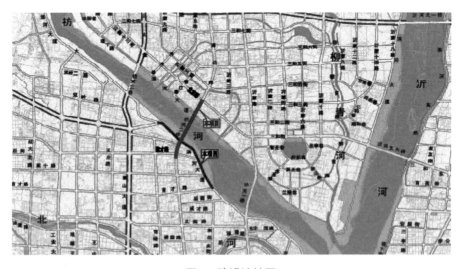

图 2　建设地址图

2.2 项目建设过程涉及原桥拆除作业，固体废弃物处理压力大

该项目在原沂龙湾大桥桥址上新建通达路祊河桥，建设过程中需要进行原桥梁的拆除作业，拆除工作量大，且原桥拆除将产生大量的建筑垃圾，固体废弃物处理是施工难点。

2.3 主塔采用百米双曲变截面拱塔，加工定位难度大

临沂市通达路祊河桥拱塔采用两个横桥向并列的近椭圆形多曲线组成的四肢分离式空间曲线结构，塔身高100m，横桥向宽4～5.54m，顺桥向宽4.34~8m，主塔由钢混多节段组成，且各节段均为空间曲线及变截面，主塔的加工定位安装难度大（见图3、图4）。

图3　主塔侧立面图　　　　图4　主塔正立面图

2.4 索塔钢混结合段结构复杂，构件冲突点多

钢混结合段采用了预应力钢绞线精轧螺纹钢筋、PBL键和钉柱形传剪器锚固连接的复合受力模式，结合段构造复杂（见图5）。

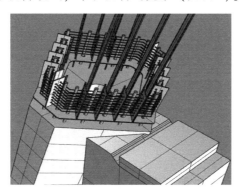

图5　主塔钢混结合段BIM图

3 绿色建造实施过程中关键问题的解决和取得的效益

3.1 智慧工地管理系统

EPM系统可实现人员管理的云上互通，以及各个岗位之间、各个单位之间的信息交流，EPM下设KPI、施工过程管理、成果管理、机械指挥官等子系统，可实现人员管理及施工资料管理的智能化、信息化（见图6）。

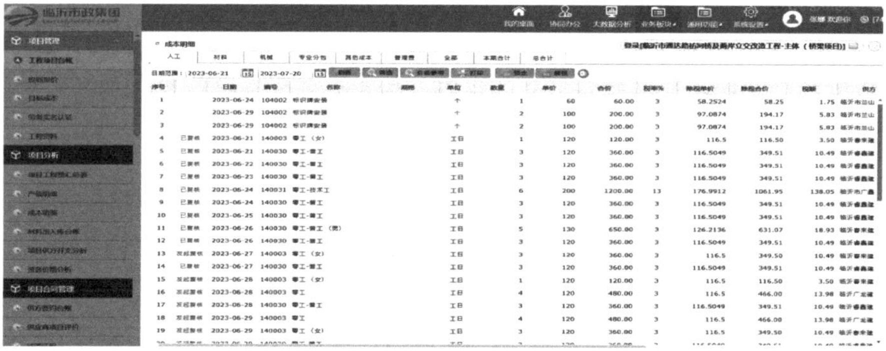

图6 EPM信息管理平台

机械指挥官智能管理系统可智能化统计分析油量消耗情况，上传EPM系统，完善设备档案，督促工作人员及时做好维修保养工作，使机械设备保持低耗、高效的状态。机械指挥官智能管理系统可以对机械进行实时监控，随时查看重点耗能设备的能耗使用情况（见图7）。

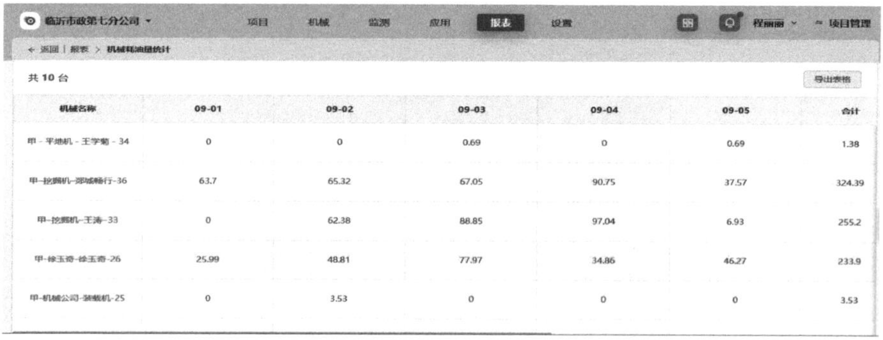

机械名称	09-01	09-02	09-03	09-04	09-05	合计
甲-平地机-王学菊-34	0	0	0.69	0	0.69	1.38
甲-挖掘机-郯城畅行-36	63.7	65.32	67.05	90.75	37.57	324.39
甲-挖掘机-王涛-33	0	62.38	88.85	97.04	6.93	255.2
甲-徐玉奇-徐玉奇-26	25.99	48.81	77.97	34.86	46.27	233.9
甲-机械公司-装载机-25	0	3.53	0	0	0	3.53

图7 机械指挥官监控平台

3.2 现场实时监控系统

3.2.1 现场施工管理

该项目通过实时监控，实现对各工区各种施工数据的收集、人员履职情况的监督及现场进度的把控；采用扬尘检测、混凝土无线测温等技术对耗能、环保、质量等多因素进行实时监控；建设过程中通过多方信息采集系统对施工数据进行收集，定期进行评测，以此作为指导提前预测下一步施工作业（见图8）。

图8 现场实时监控平台

3.2.2 现场扬尘监控及治理

结合临沂市当地主管部门的8个100%要求，该项目采用扬尘智能监控设备，实现施工区域边缘扬尘数值24小时全覆盖监控。现场围挡全线布置智能化喷淋，共设3000余米喷淋装置，配合现场扬尘监控系统，依靠扬尘实时监控数据，不定时进行全自动喷洒，降低周边扬尘（见图9、图10）。

图 9　扬尘实时监控

图 10　智能喷淋系统

3.3　碳排放预警及节能减碳云平台

项目引进碳排放预警及节能减碳云平台，首先，以前期已完成的分部分项工程为基准，通过配备智能电表等方式，统计各分项工程的电量阈值，按天为单位进行不同工序的用电量消耗情况统计；其次，根据收集的各分项工程电量消耗情况，绘制成电能消耗明细表；再次，建设过程中通过计算正在施工的分项工程电量消耗并进行汇总，将得到的实时电量应用情况上传"云平台"与得到的相应分项工程中的电量阈值进行实时对比；最后，实时进行节能减碳分析，对电量消耗异常项现场进行调查并寻找原因，并制定解决方案，达到节能减碳的效果。根据碳排放预警及节能减碳云平台的开发研究项目获得发明专利"工程施工过程碳排放预警及节能减碳方法与专用系统"，并进行推广应用（见图 11、图 12、图 13）。

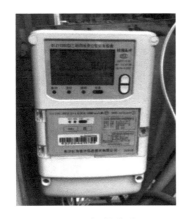

图 11　智能电表

图 12　发明证书

图 13　碳排放预警平台

3.4　临建设施装配式技术

该项目采用装配式技术，实现临建设施的高效快速化建设。

针对市区施工交通通行压力大的特点，项目制定专项交通组织方案，通过 3 期交通组织，修建保通道路及保通桥供过往车辆通行，确保东西及南北方向不断行。使用 Rhino 软件，采用 BIM 技术，对拟修建的装配式保通钢桥梁进行施工模拟，计算施工所需要的材料数量和施工周期。采用装配式保通钢桥梁，不仅加快了施工速度，缩短了施工周期，并且极大地增加了资源的周转利用率（见图14、图15）。

图14　保通桥施工模拟

图15　装配式保通钢桥梁

临建设施布置遵循资源循环利用的思想，施工后及时进行回收，既节约了工程造价，又缩短了占地时间。现场钢筋配送中心采用装配式建筑用金属面绝热夹芯板共计4000余平方米，活动板房共采用2900余平方米，现场支架体系采用贝雷梁960余片，盘扣式支架20000余立方米。

3.5　深基坑支护开挖技术

隧道工程深基坑通过深化设计、优化方案，采用咬合式排桩围护结构及高压旋喷桩止水帷幕，尽可能减少土方开挖和回填量。深基坑转出土方后，在现场临时土方存放区进行存放，用于河道中围堰修复、基坑回填、绿化回填等工作，隧道深基坑优先采用原土进行土方回填作业，做到挖填方平衡，减小对周边土的扰动，保护自然生态环境。经统计，该方案减少土地占用量及后期回填量约12000立方米（见图16）。

图 16 咬合排桩深基坑围护结构

3.6 原沂龙湾大桥综合回收利用

原沂龙湾大桥拆除过程中产生大量建筑弃渣，项目部采用此材料作为路基回填材料及支架基础回填材料进行重复利用。对通达路桥原桥桥面沥青及桥梁混凝土全部回收再利用，经统计，桥面拆除产生建筑弃渣共14736.3m³，回收利用钢筋 990.5 吨，产生效益 500 余万元。

项目部开工前结合现场实际情况，对原桥墩盖梁及以上结构拆除，保留 6 组不影响桩位施工的盖梁及以下结构作为改建桥梁桥面支撑体系，此项措施减少了支架使用量，并且提高了支架结构的稳定性（见图 17、图18、图 19）。

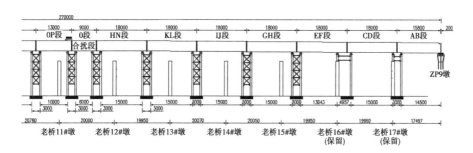

图 17 原桥桥墩布置图纸（单位：mm）

图 18　原桥桥墩利用施工模拟　　　　　图 19　原桥桥墩利用施工

3.7　钢筋损耗率综合降低措施

项目制定多项钢筋节约减耗措施，尽可能减少钢筋损耗率。

入场时，采用 AI 钢筋数量计量等数字化管理系统进行材料管控全过程追踪，有效提高数据准确性，降低材料损耗率（见图 20）。

图 20　AI 计量钢筋数量

施工过程中，根据现场实际需求制定材料的下料方案，综合考虑钢筋和欲制作的主筋长度，结合实际开工的分项工程进行各型号钢筋的预分配和合理调整，从而减少废料。制定下料方案时需要与施工班组共同商讨确定，并进一步交底，同时可适当利用部分下脚料（见图 21、图 22）。

图 21　钢筋配料明细表

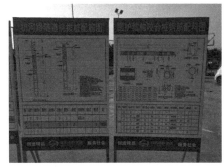

图 22　钢筋配料展板

建立钢筋加工中心，配备套丝锯切打磨一体机、钢筋笼滚焊机、数控弯曲机等一系列数控智能设备，对钢筋集中加工、统一配送，有效地减少材料的损耗，经测算，钢筋共进场 13616.9 吨，实际损耗率比定额损耗率降低 50%，节约钢筋 171.6 吨。

3.8　BIM 技术综合应用

统筹规划施工现场各类设施，通过 BIM 进行场地模拟，进行合理布置，充分利用周边临建设施，实施动态管理；合理确定各类设施位置，保证施工现场临时设施不占用绿地、耕地及规划红线以外的场地，不得对周边土地随意破坏（见图 23、图 24）。

图 23　项目部布置模拟

图 24　钢筋配送中心布置模拟

依据施工图二维文件，采用 Rhino 软件，创建 LOD400 三维模型，将复杂空间曲线组成的异形主塔和整个桥梁进行高精度构建，模型精度达到 0.01 毫米。依据模型可实现塔柱和钢箱梁各点的坐标抓取，为后续塔柱和钢箱梁的分节段模拟提供支撑，大大提高了施工放样与安装控制时的工作效率（见图25）。

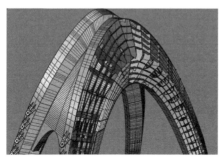

图 25　钢结构三维模型

钢混结合段有纵向受力钢筋204根、预应力钢绞线22束、预应力钢筋18根。利用高精度BIM模型，三维化多视角展示结合段处细节，进行碰撞检查及模拟，精确定位各钢构件的位置，确保了主塔受力复杂区域施工与设计的一致性（见图26）。

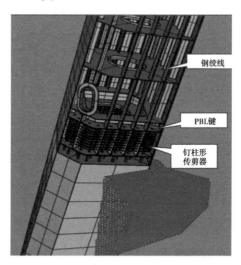

钢绞线

PBL键

钉柱形
传剪器

图 26　钢混结合段 BIM 模拟图

该项目的钢塔设计分成7节段，为响应节能减排的政策，采用工厂预制钢塔、现场吊装的方案。在设计的塔柱分段基础上，通过BIM对钢塔各节段再细分模拟，以保证各节段的尺寸和重量能满足运输和吊装要求。

依托高精度三维模型，运用 Rhino 软件分析功能，找出构件重心位置，从而确定吊点位置，使塔柱节段起吊状态与安装状态空间姿态一致，保证了起吊过程中塔柱与吊绳之间的稳定，极大提高了塔柱安装的安全与效率（见图 27、图 28）。

图 27 主塔分节段模拟

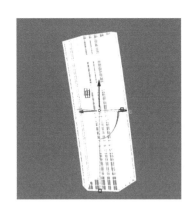
图 28 主塔起吊形态模拟

利用先进的 Web-GL 架构，结合"BIM+GIS"技术，搭建网页版虚拟沙盘，展示南岸立交的立体层次状态，反映工程主体与周边建筑的真实空间关系，优化交叉施工空间组织，提高施工效率，对施工期间立交区的保通提供保障（见图 29）。

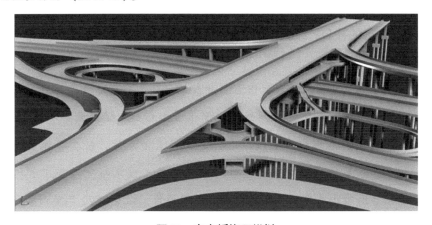
图 29 立交桥施工模拟

采用 BIM 及其他信息化技术对护栏安装、路缘石安装及锥形护坡砌块安装进行碰撞检查，制定下料与铺装方案，对附属构件实现了精细化管理，保证了实体的外观质量（见图30至图33）。

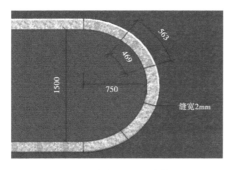

图30　路缘石 BIM 排版

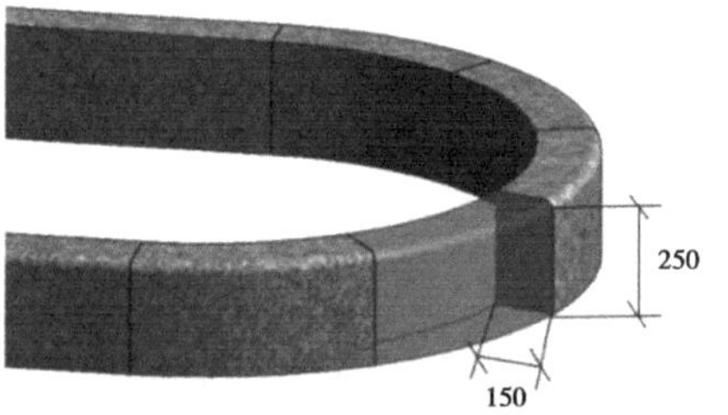

图31　路缘石尺寸 BIM 模拟

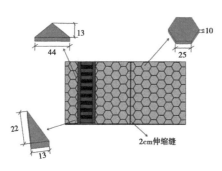

图32　锥形护坡 BIM 尺寸模拟

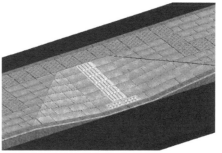

图33　人行道下坡口 BIM 模拟

4　取得的社会、经济、环境效益

4.1　社会效益

临沂市通达路祊河桥项目作为临沂市"三环十五射"骨架路网规划中的跨河关键节点，对打通路网瓶颈、优化城市布局、缓解城市交通拥堵、实现扩容提质具有重要意义。该项目建成投入使用后，社会各界反映良好，达到了项目的预期效果。通过一系列的施工技术研究及施工管理创新，该项目获得山东省绿色建造中期二星级评价，以及2022年度山东省建设工程优质结构、山东省建筑施工安全文明标准化工地、2022年临沂市建设工程优质结构和安全文明标准化工地等荣誉；获得 2 项发明专利、5 项实用新型专利；积极通过质量管理小组进行现场质量控制，获得国家级 QC 成果二等奖 1 项、省部级 QC 成果 5 项、市级 QC 成果 5 项；通过成立创新工作室，积极将施工经验、创新措施总结为成果，建设期间，获得 BIM 竞赛成果 3 项，省建设科技创新成果、全省住建系统"五小"成果等奖项十余项。对企业而言，树立了企业形象，扩大了社会影响，弘扬了企业声誉，提高了市场竞争力。

4.2　经济效益

临沂市通达路祊河桥及两岸立交改造工程自建设以来，积极实施绿色建造措施，对比分析实施绿色建造各项支出与节约费用，综合计算，截至目前，实际节约成本约 710 万元，其中材料节约 490 万元，节水节约 80 万元，节能节约 20 万元，节地约 130 万元，取得了可观的经济效益。

4.3　环境效益

项目部在施工过程中积极秉持绿色施工理念，推广使用新型绿色施工技术，围绕"五节一环保"的管理理念，从绿色管理制度的建立到环保措施的制定，从碳排放数量监控等节能措施到固废资源再利用等资源措施，践行环境保护的理念。通达路祊河桥作为临沂祊河上的新景观，建造完成后与祊河生态相适应，与临沂环境相融合，真正做到了节约资源、融入环境、绿色建造。

5　示范和推广意义

临沂市通达路祊河桥及两岸立交改造工程作为临沂首座百米双曲变截面斜拉桥，在建设过程中，遵循绿色建造理念，推行绿色建造措施，进行碳排放预警，应用节能减碳云平台及 BIM 技术，取得了良好的应用效果和经济效益，并为今后双曲变截面斜拉桥的建设提供了施工经验和桥梁绿色建造经验。

作为临沂市重点工程，临沂市通达路祊河桥及两岸立交改造工程自建设以来备受领导及社会各方关注。建设期间遵循集团"规范管理、生态和谐、节能降耗、绿色发展"的环境管理方针，不断进行技术和管理创新，完成了多项发明及实用新型专利，总结了多项新型施工技术，积累了碳排放预警平台的应用经验，为集团今后类似项目的建设提供了重要的指导意义，并在集团建设活动中进行了推广应用。

项目建设过程中积极引进绿色施工技术，在管理过程中实现融会贯通、改进创新，并广泛接受社会各界的观摩交流，建设期间临沂市相关领导多次对通达路祊河桥绿色建造进行检查和指导，对该工程的绿色建造水平给予了很高的评价。

（四）地铁工程绿色建造现状

山东省地铁建设以青岛和济南最为典型。青岛地铁积极紧跟国家政策导向，践行创新发展理念，打造绿色、数字化的城市轨道交通网络，借助清洁能源规模化利用、超低能耗建筑设计、数字化智能监管等创新技术，实现 2030 年人均公共出行能耗比当前减碳 30% 以上，2060 年"碳中和"。

1. 青岛地铁绿色建造现状

青岛地铁从建筑设计、选材、建造、运营等全生命周期打造超低能耗建筑，通过高效一体化设计、选用更保温的高性能建筑冷热桥结构、装配式建设装修、新能源供电供暖、智慧新风等技术手段，保证居住体验的舒适性，提高建筑用能系统效率，可在建材、建造、运营等过程减少碳排放 30%。目前青岛地铁开发强度进入全国地铁城市第一梯队。

第一，实施绿色示范引领行动，做好列车自主运行系统（TACS）国家示范工程和复合储能、工程渣土资源化利用、装配化建造集成、绿色低碳高品质混凝土等青岛地铁示范项目，开创绿色发展新路径引领行业发展。

第二，实施绿色技术推进行动，全面推广智慧运行、智能运维、智能客服中心、智慧安检等绿色成熟节能技术，研究试用碳纤维车辆、双向变流牵引供电等新型节能技术。

第三，实施管理体系健全行动，建立科学合理的管理体制，量化标准，压实节能降碳责任，创新管理绿色节能架构，建立企业标准节能体系，建立绿色工程设计体系，创新节能降碳竞赛体系等。

第四，实施运营能效提高行动，构建节能长效发展机制，优化定额指标和备品备件数量，打造智慧物流体系和智能管理平台，进一步提高运营能效。

第五，实施"绿智融合"行动，有力推进施工管理信息化、建造现场工厂化、区间隧道施工机械化、施工机械电动化、施工现场环保化等"五化"落地应用，推广主动支护技术等绿色降本工法和措施。

第六，实施出行占比提升行动，建设 P+R（驻车换乘）停车场，以 TOD（以公共交通为导向的发展模式）理念推进轨道交通站场综合开发利用，让更多的人工作和生活在地铁旁，加强城轨与其他交通运输方式的高效协同和智慧互联，上线青岛地铁 App 4.0，"低碳有礼"激励乘客养成绿色低碳出行方式。

第七，实施绿色能源替代行动，汇聚光伏、风能，推广氢能、水地气源热泵、热泵热回收系统，优化能源供给。探索绿电增供源头，开辟绿色电力供应渠道，积极参与绿电交易，推动结构性减排。

第八，实施绿色产业转型行动，充分发挥地铁千亿级市场场景和订单优势，赋能平台发展，带动产业链壮大。成立绿色产业公司，包括绿色节能公司、环保科技公司、城轨科技公司等，搭建绿色创新成果平台。

第九，实施全面绿色升级行动，紧扣双碳和绿色城轨发展目标，从安全生产、融资体系、绿色建筑、人才培养和内外联动等方面，全面开展绿色升级行动。

青岛市目前已建好的装配式车站 6 座，随着三期地铁的建设，目前青岛装配式车站越来越多，目前在建装配式车站 12 座，装配式地铁车站建设数量已跨入全国前列。

2. 济南地铁绿色建造现状

在整个济南地铁的建设中，"安全地铁""绿色地铁""智慧地铁""品质地铁"四个理念始终贯彻执行。济南地铁 3 号线的建设从前期设计到目前的建设工程甚至到后期的运营，在各个环节都严把质量关，将环保节能、智慧创新、高品质筑百年工程落实到每个细节中。

绿色地铁包含了文明施工、绿色施工、使用绿色环保节能材料、采用新型节能环保措施等。在施工前期、中期、后期，包括运营时期，降噪防尘、节能环保是地铁建设的目标。

济南地铁践行"绿色地铁"理念，从施工前期的绿色围挡、扬尘处理，到施工中使用节能新材料，节省材料，降低成本。目前已经成熟并投入使用的绿色节能手段有防治噪声的声屏障、地下水回灌保泉、雨水收集再利用、地下站站台门的可调通风型站台门系统。不仅如此，济南地铁还使用先进的环保技术、光伏发电技术、智能照明技术，节水节电，实现"开源节流"。

济南地铁从设计到开工建设再到运营，各个阶段都使用了先进科学技术作为支撑，提高了效率，节省了成本，在后期运营阶段使用先进科技提高了乘客乘车的体验感和舒适感。智慧，让济南地铁一下子生动起来。

济南地铁 3 号线正处于建设阶段。一期工程在项目建设过程中引入了 BIM 技术应用，并力图以 BIM 技术为工具实现各阶段信息的流畅传递和充分共享，为工程建设的各阶段、各参与方提供技术支持。

济南地铁 3 号线与铁路车站在地下层形成地下换乘枢纽，乘客不用出站就能换乘地铁。乘客下地铁后，可以直接买票，坐电梯到二层候车，让乘客享受到"零换乘"，实现了"智慧地铁"出行一路通。

此外，"济南地铁"App软件已实现掌中操作，集成办理。购票业务采用人脸识别的服务模式，方便济南市民出行，市民无须排队购票，使用支付宝或者微信二维码便可以快捷支付，迅速乘车。在车辆运行方面，未来也可能采用更为先进的全自动无人驾驶技术，彻底实现"智慧地铁"的建设。

案例1　TOD模式车辆段基地绿色建造[1]

摘要： 世博车辆段项目为昆明轨道交通5号线世博车辆段基地，是昆明地铁5号线的控制性工程，也是云南省首个上盖物业开发TOD模式示范项目，承担着提升区域环境、提升区域综合价值、反哺地铁建设及打造立体城市空间形象的重任。城市轨道交通车辆基地是城轨车辆停放、检查、运用、维修的保障基地，是城市轨道交通的"心脏"，具有占地广、涉及专业多、资源投入高、施工组织难度大等特点。车辆段在建造过程中，把绿色建造作为核心目标，在资源节约和环境保护方面采取多项举措，实现企业低碳、环保、绿色发展的目标。创新采用钢管混凝土组合结构、型钢混凝土组合结构、预制混凝土检修立柱、钢板桩、高强钢筋、承插盘扣式脚手架等多项技术，总结形成轨道交通车辆段成套建造技术研究，同时建设管理平台、智慧工地管理系统、BIM技术拓展应用，总结形成BIM技术在昆明轨道交通5号线世博车辆段工程施工中数字建造应用成果，积极应用雨水收集系统、太阳能照明系统、变频供水系统，实现车辆段基地绿色建造。

关键词： 车辆段基地，TOD模式，BIM技术扩展应用，绿色建造

---

[1] 执笔人：吕汝贵，中铁十四局集团建筑工程有限公司昆明项目群总工程师，主要研究方向为房建、公路、隧道、市政等专业技术管理工作。

1 工程概况

世博车辆段（见图 1、表 1），位于昆明市盘龙区白龙路与东三环交叉口，建成后承担营运地铁停放、检修等任务。世博车辆段总建筑面积 39 万 m²，其段内含高架平台（建筑面积 15.9 万 m²）、车辆段小汽车库层（建筑面积 12.2 万 m²）、调机工程车库（建筑面积 0.1 万 m²）、停车列检库与材料棚（建筑面积 2.0 万 m²）、联合车库（建筑面积 1.3 万 m²）、综合楼（建筑面积 2.1 万 m²）、物资总库（建筑面积 0.4 万 m²）及动调试验间、牵引降压混合变电所、洗车库、给水加压站、蓄电池检修室、危险品仓库、车辆安全检测系统设备间、污水处理站、门卫等功能单体。

图 1 TOD 模式车辆段基地效果图

表 1 工程概况

序号	项目	内容
1	项目名称	昆明轨道交通 5 号线工程土建一标项目
2	建设单位	昆明轨道交通 5 号线建设运营有限公司
3	施工单位	中铁十四局集团有限公司
4	工程地点	云南省昆明市盘龙区东三环与白龙路交叉口
5	开工时间	2020 年 6 月 1 日
6	竣工时间	2022 年 12 月 30 日

2 工程特点、重点、难点

2.1 轨下检修立柱体量大，轨道安装精度要求高

昆明地铁 5 号线世博车辆段库区内轨道下检修立柱体量大，常规施工采用支模现浇混凝土的方法，但立模浇筑存在施工误差，后期轨道安装精度影响较大。控制检修立柱误差以满足后期轨道安装精度要求是该项目的一项重大难题。

2.2 复杂节点多，施工质量控制难度高

车辆段基地局部采用钢管混凝土组合结构与型钢混凝土组合结构，施工关键节点多，钢筋密集，且预埋件较多。如何处理关键节点的连接，保证预埋件的预埋精度是施工过程中的把控难点，也是保证施工质量的重点。

2.3 咽喉区道岔多，限界要求高

车辆段基地咽喉区空间有限，道岔纵横交错，上部为幼儿园、老年活动中心等福利性设施，如何保证框架柱在满足上部设施承载力的前提下，符合限界要求是该工程重、难点。

2.4 高大空间车辆段层施工安全风险高

车辆段基地层高 9m，单层面积 15 万 m^2，车辆段层楼板厚度 25cm，梁截面尺寸为 1m×1.5m、0.9m×1.5m，柱截面尺寸为 1.5m×1.5m、1.7m×1.7m 等，整体结构自重较大。模板支撑体系的选择对施工安全、经济性、工期进度、施工质量等有重大影响，是该工程重、难点。

2.5 车辆段主体结构体量大，工期紧，管理难度大

距地铁初期开通运营迫在眉睫时，基地主体可用施工时间不及百日，剩余未施工主体体量大；需施工工程平面面积 3.6 万 m^2，钢筋 1.5 万 t，混凝土 2.4 万 m^3；涉及工作面广，作业条件艰难，工序种类繁多。如何做到既保证施工安全和质量，又保证施工工期是施工的重点和难点。

2.6 喀斯特岩溶发育区地质复杂，桩基施工难度大

车辆段基地地处喀斯特岩溶发育区，易发生岩溶塌陷、涌水等灾害，

造成工程基底不稳、施工困难、影响周边建筑物安全等问题，如何在有限的时间内保证成桩质量为该工程重、难点。

2.7 邻近地震带，抗震设防要求高

昆明被夹持于著名的小江南北向强震带和易门南北向中强地震带之间，并处于普渡河南北向中强地震带上，世博车辆段距离最近断裂面仅有400m，断裂面露出地表，世博车辆段基地抗震设防要求极高，为该工程重点之一。

2.8 深基坑数量多，分布广，周边环境复杂

世博车辆段基地基坑有30余座，为典型的坑中坑型式，其中包含2座大型基坑及坑内小基坑，均为超过5m的深基坑，周边邻近市政道路和既有建筑，环境复杂，如何保证深基坑开挖顺利进行为该工程重、难点。

3 绿色建造实施中关键问题的解决和取得的效益

3.1 装配式预制检修立柱施工技术

采用预制检修立柱代替传统立模浇筑，克服了检修立柱施工偏差大、调整困难等一系列问题。预制检修立柱采用工厂预制，集中养护；立柱的承载力以及整体强度远胜于现浇混凝土检修立柱。检修立柱施工采用预架设轨道进行初调后安装检修立柱，安装完成后再对轨道进行精调，最后支模浇筑固定检修立柱。该施工方式彻底解决了现浇检修立柱轨道安装精度不高的问题。同时装配式预制检修立柱的应用减少了人力、材料及机械设备浪费，改善了库区施工环境，为车辆段基地检修立柱施工提供借鉴（见图2）。

图 2 装配式预制检修立柱实景图

3.2 复杂节点 BIM、自密实混凝土技术应用

采用 BIM 平台、reivt、Tekla 等 BIM 技术软件，对复杂节点建立模型，精准放置预埋板位置，同时对钢筋排布进行施工模拟，明确钢筋绑扎顺序，型钢和钢管肋板与钢筋碰撞位置及时进行避让，动态调整，并进行可视化交底。最后与设计确定无误后导出钢筋下料单，精准下料，有效解决了复杂节点位置钢筋密集难题，同时减少因返工造成的人工与材料浪费。

车辆段基地钢管混凝土结构存在大量钢筋密集的节点，内部加劲板交错布置，通过自密实混凝土的应用，有效保证钢筋密集节点混凝土浇筑质量，同时节约了人力成本，减少了噪声污染（见图 3、图 4）。

图 3　BIM 复杂节点示意图　　　图 4　复杂节点实景图

3.3 轨道咽喉区限界控制施工关键技术

车辆段咽喉区空间有限，传统混凝土结构柱在满足承载力要求的前提下，截面尺寸偏大，无法满足轨道限界要求。鉴于钢管混凝土结构中的钢

管不受含钢率的限制，采用钢管混凝土组合结构技术，可使其构件的承载力较相同面积的钢筋混凝土构件承载力提高一倍以上；在满足相同承载力的情况下，可减小构件尺寸，增加柱周边净空间、净高等，可有效保证轨道限界要求，取得效果显著，为后续类似工程施工提供参考（见图5）。

图 5　钢管混凝土组合结构实景图

3.4　车辆段高大空间新型盘扣式脚手架技术

采用承插盘扣式脚手架，更加经济，节约了工时成本。盘扣式脚手架拼接速度比传统脚手架快50%，可以减少施工人员的劳动时间和管理成本，使综合成本降低。新型盘扣式脚手架体系化布置，连接节点采用锻造工艺制成，安拆方便，有效缓解了材料堆放运输压力，节约工期（见图6）。

图 6　新型承插盘扣式脚手架实景图

3.5 全方位 BIM 协同平台应用

项目以建设过程为主线，通过网页端和移动 App 端对进度、质量、安全资料等进行全面管控。通过移动 App 端记录每日施工进度情况，与指定的进度计划进行比对，若未按节点工期完成，则反馈至对应责任人，进行原因分析，制订详细计划，满足节点要求；安全管理人员按时巡查施工现场安全问题，实时记录并反馈落实；复杂节点通过 BIM 可视化交底、精准下料，避免返工现象发生；可视化施工模拟进一步完善施工组织，使施工更加合理、科学。BIM 协同平台的应用，圆满完成了有限时间内大体量主体结构攻坚战，取得了良好的效果（见图7）。

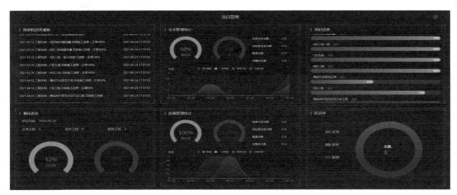

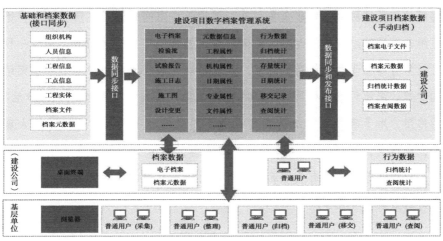

图7　BIM 协同平台全面应用

3.6 喀斯特地区超前地质预报、灌注桩施工技术应用

施工人员对喀斯特地区超前地质预报技术进行研究，考虑到喀斯特岩溶发育区不可预见性及周边环境的复杂性，项目采用施工勘察方式探明土层情况及岩溶分布，有针对性地对岩溶进行处理，有效保证了灌注桩施工过程中的安全性与经济性，同时采用加强泥浆护壁、桩端、桩侧后注浆的方式来保证成桩质量，取得了良好的成效（见图8）。

图8　施工勘察专家技术咨询及施工现场实景图

3.7 屈曲约束支撑抗震设防技术

车辆段基地邻近地震带断裂面，抗震设防烈度高，抗震施工难度大。传统的抗震设防存在构建众多、施工周期长、空间布置不灵活等缺点，不适用车辆段基地，属于大空间框架结构。屈曲约束支撑（BRB）作为一种可做剪力墙替代品的创新型技术，具有明确的屈服承载力，适用于框架结构建筑。屈曲约束支撑具有良好的抗震效果，在大震下可起到"保险丝"的作用，用于确保主体结构在大震下不屈服或者不严重破坏。并且大震后，经核查，可以方便地更换损坏的支撑，具有安装效率高、抗震效果好、成本低等优点，有效地满足了基地对抗震及空间灵活的要求，取得了良好的效益（见图9）。

图 9 屈曲约束支撑（BRB）实景图

3.8 多样化基坑围护体系应用

通过对世博车辆段基地各个深基坑环境进行研究，项目对基坑支护方案进行了优化，采用多样化基坑围护体系，基地 A 区大基坑面积约 4 万 m²，长度 220m，宽度 180~200m，基坑深度 8.2m。项目采用悬臂式支护结构，分层分段进行开挖。针对落地区明挖暗埋段面积较小、深度为 11.7~21m 的深基坑，方案优化采用"钻孔灌注桩+止水帷幕+锚索+内支撑"综合体系，较初期设计阶段的大直径双排桩更加经济适用；部分土质良好的小型基坑，方案优化采用拉森钢板桩支护型式，较传统的悬臂式支护型式更加经济；针对不同的基坑方案优化不同的支护型式，在保证基坑安全的前提下，合理分配资源，提高资源利用率（见图 10）。

图 10 多样花围护结构实景图

4. 取得的社会、经济、环境效益

4.1 社会效益

昆明轨道交通 5 号线作为昆明市主城地铁网对角方向的加密线，加强了主城东北-西南方向联系，提升了沿线公共交通的服务层次和水平。5 号线串联昆明世博园、圆通山等旅游精品区，促进了沿线地区旅游业的发展。作为 5 号线控制性工程及东北沿线的龙头，世博车辆段基地坚持可持续发展原则，严格按照绿色建造标准进行施工，在节能、节材，以及光污染、噪声污染控制等方面取得了良好的效益。通过一系列的工程技术研究与实践，企业改进了传统的施工工法，增强了企业在 TOD 模式车辆段基地领域先进性，树立了企业形象，扩大了社会影响，提高了市场竞争力。

4.2 经济效益

一方面，大量新材料、新技术的应用及技术创新活动的开展节约了大量人力、物力，直接经济效益显著；另一方面，提高了结构质量，节省了维修费用，缩短了施工工期，节约了管理费用及机械租赁费用，产生了可观的间接经济效益。

4.3 环境效益

BIM 技术综合应用与智慧工地施工技术，基于 BIM 的三类场地布置，实现施工部署的科学合理化安排，最大化利用场地内土地资源，减少物料倒运次数，降低临时占地面积，保护环境。

5 示范和推广意义

世博车辆段基地作为昆明轨道交通 5 号线控制性工程，是城市轨道交通的"心脏"，备受各方关注。该项目以车辆段基地为载体，针对车辆段普遍存在的各项难题，积极应用各项新技术，起到了节材与环境保护的作用，形成了车辆段基地成套关键技术研究，为企业提供了相关专业方面完善的参考资料。

BIM 技术综合应用与智慧工地施工技术应用效果良好，应用过程中发现了建造过程中的问题，提供了合理方案，杜绝了返工现象发生，能够很好地达到节材、节地、节能降耗的效果，对于推动建筑行业不断前进有极大的示范引领作用，可广泛应用于所有建筑工程和开展智慧化管理的工程项目，有效解决建造过程中的"错漏碰缺"各项问题，减少返工、窝工造成的能源、材料消耗，实现集约化管理。

（五）水环境工程绿色建造现状

山东省是水利大省，省内水系发达，河湖众多，覆盖黄、淮、海三大流域，另外还有大沽河、大汶河、小清河、沂河、沭河等多个具有代表性的水系。2022 年，山东省获批成为黄河流域国家省级水网先导区，印发实施《山东现代水网建设规划》《国家省级水网先导区建设方案（2023—2025 年）》，在全国率先启动省级现代水网建设，加快构建"一轴三环、七纵九横、两湖多库"的省级水网主骨架和大动脉，实施一批重大水利工程项目，推出一批重大涉水改革举措。先导区获批以来，山东省以联网、补网、强链为重点，加快推进现代水网前期工作和重大项目建设。自 2019 年以来，山东省已完成水利建设投资 2200 余亿元，未来 3 年还将围绕水资源优化配置等再投资近 2000 亿元，谋划实施重点项目 880 多个，同时聚力实施"水网+"行动，积极实施内河航运、抽水蓄能、文化旅游等涉水绿色产业融合发展，塑造山东水利发展新动能、新优势。

内河航运运能大、成本低，在优化运输结构、发展区域经济、畅通国内国际双循环中发挥着重要作用，是做大做强水经济的关键方面。山东省内河航运工程主要包括京杭运河黄河以南段、小清河复航工程两部分，山东省将加快建设集约高效、安全便捷、智慧绿色的现代化内河航运体系，把京杭运河打造成鲁西南高效对接长三角地区的黄金水道，把小清河打造成联接省会、贯通鲁中、河海联运的陆海新通道。

小清河是集航运、防洪、生态、环保、旅游等多重功能于一体的河流，是山东省内河航道布局规划"一纵三横"高等级航道网中的重要"一横"，也是山东省一条难得的具备海河联运开发条件的运输通道。小清河复航工程是山东省重大交通基础设施建设项目，起点为济南高新区荷花路小清河桥下游 200 米处，途经济南、滨州、淄博、东营、潍坊五市，终点为潍坊港西港区羊口作业区，全长 169.2 千米，项目总投资 130 多亿元。项目主要建设内容包括建设航道、航道土方开挖、航道护坡、节制闸迁建、改建桥梁、改建跨/临河建筑物、增设航标、新建航道维护基地等内容。

河流水系是生态系统的重要组成部分，传统灰白色的混凝土护坡严重破坏生物系统对水体污染物质的截流和吸附，易造成水环境恶化。为加强河流水生态的保护，在小清河复航工程边坡设计上采用"预制+绿化"相结合的方式，即在常水位以上的土质边坡上设置生态连锁块，在连锁块内部均采用植草护坡，将生态环保设计和生态防护设计完美结合在一起，做到工程防护与景观和谐共存。

小清河原有各类型桥梁众多，为了满足Ⅲ级航道通航要求，需要在全线新建、改建桥梁 39 座。

无港不成航。实现船通大海，除航道建设外，港口工程至关重要。根据总体规划，小清河沿线规划 4 个港口 11 个作业区，共 164 个泊位，沿岸港口的建设体现了绿色建造理念，港口将打造作业设备自动化、数据信息可视化、生产管理智能化的"自动化码头"，构建以电能、LNG（液化天然气）等清洁能源为主的能源使用体系，以集装箱、封闭式仓库为主的仓储运输作业体系，建设环境友好型港口。

第二篇 行业数据分析

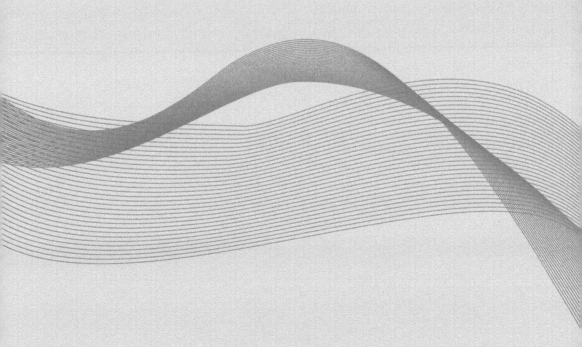

山东省规范建筑垃圾的有关政策

2022 年 11 月 28 日，山东省住房和城乡建设厅、山东省发展和改革委员会、山东省财政厅、山东省生态环境厅、山东省交通运输厅、山东省水利厅等十部门联合印发《关于规范建筑垃圾全过程管理工作的若干措施》要求 2023 年底前，各市、县（市、区）依法编制建筑垃圾污染环境防治工作规划或建筑垃圾治理专项规划，并就目标指标、重点任务等做好与本级国民经济和社会发展规划、国土空间规划、生态环境保护规划、环境卫生规划等规划的衔接。建立健全住房城乡建设主管部门牵头的建筑垃圾减量化工作机制，交通运输、水利部门分别负责交通运输、水利工程的建筑垃圾源头管控。坚持"谁产生、谁负责"，严格落实建设单位建筑垃圾减量化和处理首要责任。建设单位将建筑垃圾减量化目标和措施纳入招标文件和合同文本，建筑垃圾减量化措施费用纳入工程概算，并监督设计、施工、监理单位落实。落实《关于推进建筑垃圾减量化的指导意见》《施工现场建筑垃圾减量化指导手册（试行）》《山东省建筑垃圾减量化工作实施方案》，开展绿色策划，实施绿色设计，推广绿色施工。设计单位应根据地形地貌合理确定场地标高；建设单位应根据就地取土、不足土方量外进、挖方与填方平衡和运距最短的原则，制定经济合理的土方专项调配方案，最大限度实现土方就地回填；政府投资或政府投资为主的建筑工程全面按照装配式建筑标准建设。对拆除工程原则上要做到即拆即运，宜优先使用移动式处理设备对拆除垃圾实行就地处理，减少外运量。到 2025 年底，实现新建建筑施工现场工程垃圾排放量控制在 200～300 吨/万平方米以下。

近年来，济南市城管系统按照建设资源节约型、环境友好型社会的要求，积极推进建筑垃圾减量化、资源化利用，研究提出了多项建筑垃圾管理的对策和处理模式，在省内率先出台《济南市建筑垃圾处理专项规划（2021—2035年）》，为全市建筑垃圾处置工作系统、规范、有序开展作出了贡献。

青岛市建筑垃圾资源化利用工作起步较早，2013年1月1日《青岛市建筑废弃物资源化利用条例》正式实施，这是省内第一部建筑垃圾资源化利用领域的地方性法规，在国内也处于领先水平。

二、建筑行业

（一）建筑垃圾数据分析

山东省统计局的数据显示，2018年全省建筑业总产值1.29亿元，2022年全省建筑业总产值1.76万亿元。每年产生建筑垃圾4000万~5000万吨。通过数据可以看出，山东省建筑垃圾数目庞大且呈增长趋势。

根据规定，建筑垃圾应当通过专门的处置方式进行处理。而实际上，一些小型建筑垃圾处理设施并不规范，存在极大的安全隐患，这也导致了城市环境污染的加剧。

（二）旧有建筑拆除垃圾资源化处理对环境影响、产量数据

建筑物拆除一般是因为达到了建筑物的使用年限或者是城市规划的需要，其拆除面积与建筑施工的面积也存在着线性关系：一般情况下，每一年度的建筑拆除面积约为该年度建筑施工面积的10%，但考虑到近十年来

城镇化进程较快，开展了大量如城中村改造、地铁修建等项目，必然使建筑拆除的工程量更大，与建筑施工量的比值也更大。2010—2019 年济南市建筑拆除垃圾产量情况见表2-1。

表2-1　2010—2019 年济南市建筑拆除垃圾产量

年份	建筑施工面积（hm²）	建筑拆除面积（hm²）	建筑拆除垃圾产量（10kt）
2010	4654.4	698.2	837.8
2011	5804.8	870.7	1044.9
2012	6556.1	983.4	1180.1
2013	7696.3	1154.4	1385.3
2014	9182.8	1377.4	1652.9
2015	10189.2	1528.4	1834.1
2016	10292.6	1543.9	1852.7
2017	11362.6	1704.4	2045.3
2018	12984.1	1947.6	2337.1
2019	14955.4	2243.3	2692.0

随着青岛市城市建设的快速发展，2011 年七区因道路开挖、建筑施工和旧建筑拆除等工程产生的建筑废弃物总量超过 1000 万 m^3，占城市垃圾总量的 40%。青岛市建筑垃圾处置主要以沿海滩涂、建筑工地回填为主，部分用于石子加工和山体恢复。可是，随着沿海滩涂回填项目的完工及山体恢复工程的完成，加之拆迁改造项目的日趋增多，建筑垃圾处理问题突出。

青岛市建筑废弃物的资源化利用依托山东省混凝土结构耐久性工程技术研究中心的技术支持，技术工艺处于国内先进水平。该中心自主研发设计了建筑垃圾处理设备，创新了物理强化工艺，改变了建筑废弃物主要用来制作再生砖的单一利用方式，使建筑废弃物真正成为资源，用于生产加气砖、砌块、板材、透水混凝土和砖、稳定土等多种产品，广泛用于混凝土搅拌站、建筑工程和道路建设等领域。2011 年青岛市建筑废弃物利用企业综合利用建筑废弃物 200 余万吨，利用建筑废弃物生产加工再生粗细骨料 160 万吨，生产再生砖 15 万立方米，生产混凝土 30 万立方米，利用率约为 20%。

建筑垃圾占用大量耕地，污染土壤。随着建筑垃圾产量的持续增长，用以堆放建筑垃圾的场地数目和面积也在不断增加，占据了大量的城市用地和农用耕地。同时，建筑垃圾中的有害物质渗透到土壤内，会影响土壤的肥力，导致土壤沙漠化，使土壤发生固结沉降，造成地表下沉并诱发地质灾害，污染水资源，污染地表及地下水。如果建筑垃圾被不合理地堆放或填埋，这些建筑垃圾会在经雨水冲刷的条件下不断发生化学反应，产生各类有害的有机、无机污染物并渗透至地下水系统或进入河流，被污染的地下水即便在烧开后也已不可饮用，同时被污染的河水也会毒害粮食作物和经济作物。

（三）装修垃圾资源化处理对环境影响、污染物排放、用水用能数据

2023 年济南首座装饰装修垃圾分拣处置中心正式进入实际运行阶段。市中区装饰装修垃圾处理中心项目位于七贤街道军义路，厂房面积 2000 平方米，堆料场 3000 平方米左右，设计产量每小时 50~70 立方米，日处理垃圾约 520 吨，可满足市中区装饰装修垃圾处置需求，破碎筛分出的骨料主要用作再生建材产品。项目投产运行后将有效提升济南装饰装修垃圾处理水平，实现装饰装修垃圾的减量化、无害化、资源化处理。

三、交通行业

山东省是交通运输部确定的 4 个绿色交通示范省之一。2015 年，山东省政府办公厅印发《关于加快推进山东省绿色交通运输发展的指导意见》，建立了绿色交通省创建联席会议制度。强化示范引导，安排 2 亿元省级资金，支持培育 127 个省级绿色交通样板项目、亮点工程。2019 年，山东省绿色交通省高标准通过交通运输部考核验收。2015—2018 年 4 年创建期内，山东省全面完成 24 个重点支撑项目建设，累计完成投资 231.5 亿元，实现节能量 23.8 万吨标准煤，替代燃料 59.2 万吨标准油，减排二氧化碳 75.6 万吨，形成了一批绿色交通城市、绿色公路、绿色港口、绿色航道等示范样板项目，打造了临沂蒙阴天然气货车大规模推广应用、青岛港绿色港口、济南至东营绿色高速公路、潍坊公共自行车等一大批亮点项目。

以青岛为例，随着青岛城市规模的扩大，最近几年，青岛的建筑垃圾产生量每年都在 3900 万吨左右，而经过专业化产业园区的加工，建筑垃圾便能"变废为宝"，被加工为各类建筑材料，实现资源化循环利用。建筑垃圾资源化利用率保持在 70% 以上，成为建筑业减碳的重要一环。

从 2013 年至今，青岛已累计资源化利用建筑垃圾约 2.37 亿吨，节约土地 23734 亩，减少对周边土地和水源的污染约 71202 亩，实现产值约 232 亿元。

青岛地铁绿色低碳基础设施不断完善。目前青岛地铁 13 号线已设置 4 处光伏发电系统，投用后年累计发电量可达 307 万千瓦·时，规划总装机容量达 16 兆瓦以上，每年将减少 1800 万千瓦·时煤电消耗；部分列车已安装永磁牵引电机，经测试，相比异步电机牵引系统节能 10% 以上；青岛地铁 2、3、8、13 号线已安装 35 套再生能装置，年总节电量达 900 万千瓦·时。

四、建筑垃圾控制和循环利用

2008 年起青岛的海底隧道施工开始，青岛对海底隧道施工产生的垃圾进行回收处理，回收处理的垃圾高达 200 余万吨。这一项目不仅保护了当地的环境，同时也起到了带动性作用。2012 年一期工程建成投产，建成了 300 万吨废弃物处理生产线以及 60 万吨的再生骨料混凝土生产线。2014 年二期工程建成投产，干混砂浆生产线以及新型墙体材料等项目也开始开工建设。该项目的实施为青岛市建筑垃圾再利用指明了方向，带来了动力。

五、房建指标分析报告

根据建筑类别不同，分为建筑工程、超低能耗和交通工程三类，以下分别对建筑工程和交通工程两类建筑的建筑垃圾控制与循环利用指标、施工用水指标、施工用能指标进行分析。

（一）建筑垃圾控制与循环利用指标分析

根据建筑垃圾目标值、建筑垃圾实际产生量和建筑垃圾回收率 3 个指标进行分析，得出建筑垃圾平均目标值、建筑垃圾平均实际生产量和建筑垃圾平均回收率 3 个指标值（均按 1 万 m^2 计），结论如下：

建筑工程：统计 20 组项目数据分析得出的建筑垃圾平均目标值为

252.50t、建筑垃圾平均实际产生量为 127.80t、建筑垃圾平均回收率为 57.53%。

交通工程：统计 3 组项目数据分析得出的建筑垃圾平均目标值为 0.22t、建筑垃圾平均实际产生量为 0.17t、建筑垃圾平均回收率为 60%。

1. 建筑工程

建筑工程建筑垃圾控制与循环利用数据见表 2-2、图 2-1、图 2-2（按每 1 万 m² 计）。

表 2-2　建筑工程建筑垃圾控制与循环利用数据表

序号	项目名称	建筑垃圾目标值（t）	建筑垃圾平均目标值（t）	建筑垃圾实际产生量（t）	建筑垃圾平均实际产生量（t）	建筑垃圾回收利用率（%）	建筑垃圾平均回收利用率（%）
1	济南市妇幼保健院新院区项目工程总承包（EPC）	300.00	252.50	15.00	127.80	60.00	57.53
2	雪山片区一期 B-02 地块建设项目	280.00	252.50	24.00	127.80	60.00	57.53
3	先行区崔寨片区保障性租赁住房 B-5 地块项目（二标段）	180.00	252.50	82.00	127.80	55.00	57.53
4	莒南县人民医院黑虎山院区建设项目	170.00	252.50	99.00	127.80	51.00	57.53
5	中科院济南科创城产业园泰山生态环境研究所（一期）	300.00	252.50	137.00	127.80	56.00	57.53
6	淄博高新区中金教育培训中心及相关基础设施配套项目	260.00	252.50	159.00	127.80	51.00	57.53

序号	项目名称	建筑垃圾目标值（t）	建筑垃圾平均目标值(t)	建筑垃圾实际产生量（t）	建筑垃圾平均实际产生量（t）	建筑垃圾回收利用率(%)	建筑垃圾平均回收利用率（%）
7	菏泽市立医院综合楼项目（一期）	300.00	252.50	120.00	127.80	60.00	57.53
8	国丰中心房地产开发建设项目 1#住宅、2#住宅、3#住宅、4#办公及服务用房、5#住宅、7#地下车库（一期）	200.00	252.50	100.00	127.80	50.00	57.53
9	山东省泰安市肥城市东城医院建设项目（一期）	300.00	252.50	270.00	127.80	30.00	57.53
10	德州市文化科技中心项目施工总承包一标段	300.00	252.50	165.00	127.80	38.00	57.53
11	德州市体育公园青少年运动中心、游泳馆、冰雪馆、体育展示馆	200.00	252.50	78.00	127.80	88.00	57.53
12	德州市金融科技广场	180.00	252.50	70.00	127.80	60.00	57.53
13	滨州市全民健康文化中心项目：全民健身中心	300.00	252.50	280.00	127.80	58.00	57.53
14	齐润花园公建 3#楼	180.00	252.50	48.08	127.80	60.00	57.53
15	临淄区医疗中心(临淄区人民医院新院区）一期门诊医技综合楼、门诊医技病房区地下	300.00	252.50	142.00	127.80	50.00	57.53

续 表

序号	项目名称	建筑垃圾目标值（t）	建筑垃圾平均目标值(t)	建筑垃圾实际产生量（t）	建筑垃圾平均实际产生量（t）	建筑垃圾回收利用率(%)	建筑垃圾平均回收利用率（%）
16	临沂康养护理中心	300.00	252.50	128.30	127.80	60.00	57.53
17	聊城市智能（仿真）综合性公共实训基地培训中心、综合楼、实训中心、地下车库	200.00	252.50	186.00	127.80	60.00	57.53
18	临沂启阳机场航站楼改扩建及附属工程（非民航专业）施工总承包项目一标段	300.00	252.50	268.00	127.80	56.00	57.53
19	枣庄市王开传染病医院改扩建项目工程总承包（EPC）	200.00	252.50	162.09	127.80	77.40	57.53
20	济南奥体东16号地块开发项目	300.00	252.50	23.00	127.80	70.25	57.53

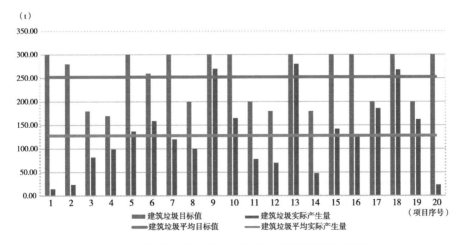

图 2-1 建筑工程建筑垃圾控制与循环利用数据分析

129

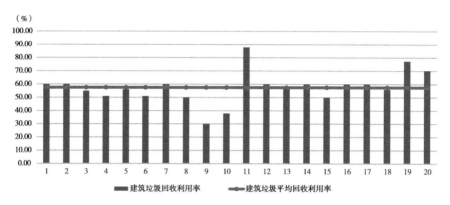

图 2-2　建筑工程建筑垃圾平均回收利用率

2. 交通工程

交通工程建筑垃圾控制与循环利用数据见表 2-3、图 2-3、图 2-4（按每 1 万 m^2 计）。

表 2-3　交通工程建筑垃圾控制与循环利用数据表

序号	项目名称	建筑垃圾目标值（t）	建筑垃圾平均目标值（t）	建筑垃圾实际产生量（t）	建筑垃圾平均实际产生量（t）	建筑垃圾回收利用率（%）	建筑垃圾平均回收利用率（%）
1	创业路工程二标段（兴业路—双岭路连接线）	0.25	0.22	0.21	0.17	70.00	60.00
2	通达南路取直工程施工项目第一标段	0.25	0.22	0.20	0.17	50.00	60.00
3	济南至潍坊高速公路济南连接线（旅游路东延）工程	0.16	0.22	0.09	0.17	60.00	60.00

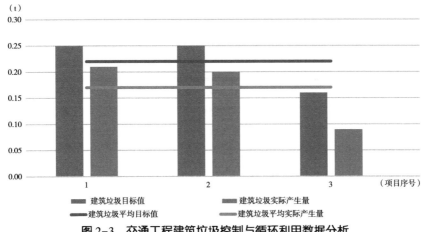

图2-3 交通工程建筑垃圾控制与循环利用数据分析

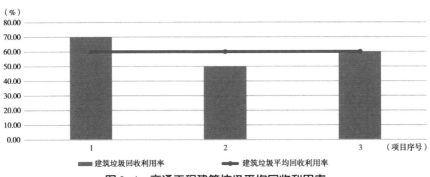

图2-4 交通工程建筑垃圾平均回收利用率

（二）施工用水指标分析

根据施工用水目标值、施工用水实际值、用水节约率3个指标进行分析，得出施工用水平均目标值、施工用水平均实际值、平均用水节约率3个指标值（均按万元产值），结论如下：

建筑工程：统计5组项目数据分析得出的施工用水平均目标值为1.94t、施工用水平均实际值为1.23t、平均用水节约率为38.46%。

交通工程：统计4组项目数据分析得出的施工用水平均目标值为3.53t、施工用水平均实际值为3.02t、平均用水节约率为17.50%。

1. 建筑工程

建筑工程施工用水数据见表2-4、图2-5、图2-6（按万元产值计）。

表2-4　建筑工程施工用水数据表

序号	项目名称	施工用水目标值（t）	施工用水平均目标值（t）	施工用水实际值（t）	施工用水平均实际值（t）	用水节约率（%）	平均用水节约率（%）
1	先行区崔寨片区保障性租赁住房 B-5 地块项目（二标段）	2.55	1.94	1.82	1.23	50.00	38.46
2	德州市文化科技中心项目施工总承包一标段	2.18	1.94	1.18	1.23	39.70	38.46
3	中科院济南科创城产业园泰山生态环境研究所项目（一期）	1.78	1.94	1.49	1.23	16.30	38.46
4	济南奥体东 16 号地块开发项目	1.10	1.94	0.79	1.23	28.20	38.46
5	济南市妇幼保健院新院区项目工程总承包（EPC）	2.10	1.94	0.88	1.23	58.10	38.46

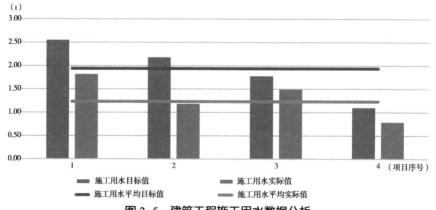

图2-5　建筑工程施工用水数据分析

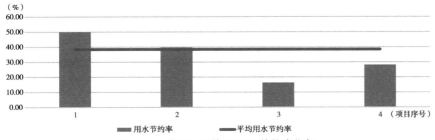

图 2-6　建筑工程施工用水节约率指标

2. 交通工程

交通工程施工用水数据见表 2-5、图 2-7、图 2-8（按万元产值计）。

表 2-5　交通工程施工用水数据表

序号	项目名称	施工用水目标值（t）	施工用水平均目标值（t）	施工用水实际值（t）	施工用水平均实际值（t）	用水节约率（%）	平均用水节约率（%）
1	临沂市通达路祊河桥及两岸立交改造工程	3.19	3.53	2.86	3.02	10.58	17.50
2	创业路工程施工二标段（兴业路—双岭路连接线）	0.96	3.53	0.73	3.02	23.00	17.50
3	昆明轨道交通5号线土建一标项目	7.00	3.53	6.30	3.02	10.00	17.50
4	新建南玉铁路站前工程二标	2.95	3.53	2.17	3.02	26.40	17.50

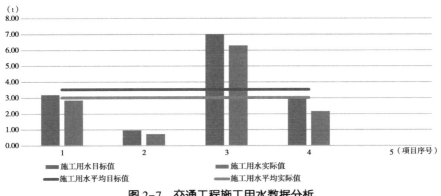

图 2-7　交通工程施工用水数据分析

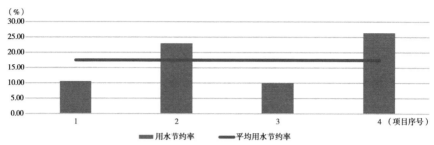

图2-8 交通工程施工用水节约率指标

（三）施工用能指标分析

根据施工用电目标值、施工用电实际值、用电节约率 3 个指标进行分析，得出施工用电平均目标值、施工用电平均实际值、平均用电节约率 3 个指标值（均按万元产值），结论如下：

建筑工程：统计 5 组项目数据分析得出的施工用电平均目标值为 32.27k·Wh、施工用电平均实际值为 26.08k·Wh、平均用电节约率为 22.16%；

交通工程：统计 4 组项目数据分析得出的施工用电平均目标值为 39.71k·Wh、施工用电平均实际值为 36.05k·Wh、平均用电节约率为 9.26%。

1. 建筑工程

建筑工程施工用能数据见表 2-6、图 2-9、图 2-10（按万元产值计）。

表2-6 建筑工程施工用能数据

序号	项目名称	施工用电目标值（k·Wh）	施工用电平均目标值（k·Wh）	施工用电实际值（k·Wh）	施工用电平均实际值（k·Wh）	用电节约率（%）	平均用电节约率（%）
1	先行区崔寨片区保障性租赁住房 B-5 地块项目（二标段）	30.00	32.27	26.29	26.08	12.41	22.16

续 表

序号	项目名称	施工用电目标值（k·Wh）	施工用电平均目标值（k·Wh）	施工用电实际值（k·Wh）	施工用电平均实际值（k·Wh）	用电节约率（%）	平均用电节约率（%）
2	德州市文化科技中心项目施工总承包一标段	22.21	32.27	20.24	26.08	24.80	22.16
3	中科院济南科创城产业园泰山生态环境研究所项目（一期）	28.49	32.27	21.93	26.08	23.03	22.16
4	济南奥体东 16 号地块开发项目	40.35	32.27	37.98	26.08	10.04	22.16
5	济南市妇幼保健院新院区项目工程总承包（EPC）	40.28	32.27	23.96	26.08	40.52	22.16

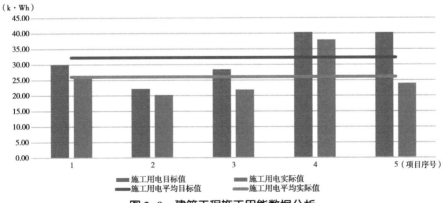

图 2-9　建筑工程施工用能数据分析

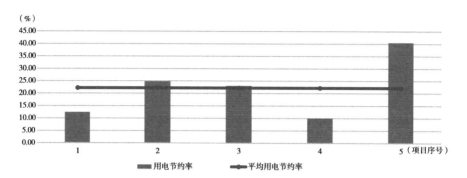

图 2-10 建筑工程施工用能用电节约率分析

2. 交通工程

交通工程施工用数据见表 2-7、图 2-11、图 2-12（按万元产值计）。

表 2-7 交通工程施工用数据表

序号	项目名称	施工用电目标值（k·Wh）	施工用电平均目标值（k·Wh）	施工用电实际值（k·Wh）	施工用电平均实际值（k·Wh）	用电节约率（%）	平均用电节约率（%）
1	临沂市通达路祊河桥及两岸立交改造工程	30.92	39.71	27.54	36.05	10.94	9.26
2	创业路工程施工二标段（兴业路—双岭路连接线）	15.90	39.71	15.00	36.05	6.00	9.26
3	昆明轨道交通五号线土建一标项目	37.60	39.71	32.90	36.05	12.50	9.26
4	新建南宁至玉林铁路站前工程二标	74.40	39.71	68.75	36.05	7.60	9.26

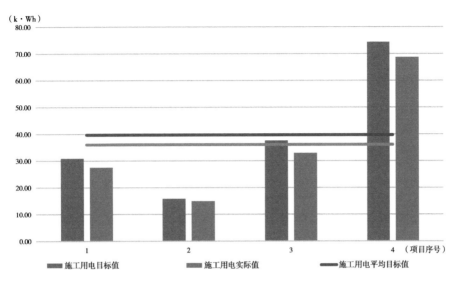

图 2-11　交通工程施工用能数据分析

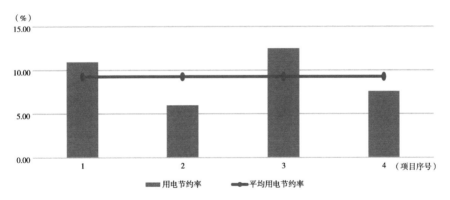

图 2-12　交通工程施工用能节约率分析

第三篇
未来方向及趋势

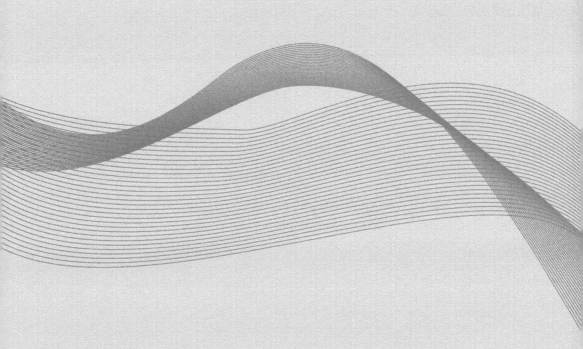

绿色建筑未来趋势及展望

绿色建筑是低碳建筑，在建造、运营阶段都应该体现其绿色。建造阶段，与新型建筑工业化、绿色建材相辅相成；运营阶段，在安全、健康、舒适的前提下，做到尽可能少的消耗，实现人与自然和谐共生。

建筑行业是国民经济的支柱产业，也是转型升级的重点领域。为了能够让建筑行业实现可持续性发展，需要强化建筑建造方式，这样才能减少建筑行业在发展过程中产生的能源损耗，避免对环境造成更多污染。在建筑过程中需要寻找到合适的建设方法，实现建筑业的绿色转型，提升质量安全管理功能，让建筑行业长久地发展。我国的城市化进程正在不断加快，建筑行业是城市建设不可缺少的一个环节，因此建筑需要充分融合绿色发展理念，将能源损耗降到最低，加快生态文明建设，改善我国建筑行业发展的整体状态，让建筑行业迎来全新的发展机遇。

绿色交通未来趋势及展望

国家进行绿色城市建设发展试点，这也从更高层面上对城市发展提出了新目标、新任务。城轨交通是大容量公共交通基础设施，是城市引导承载绿色低碳出行的骨干交通方式，绿色低碳发展是城轨交通行业面临的历史性任务。

装配式建筑未来及展望

为了实现绿色节能的目标，设计应当融入装配式和节能减排理念，并充分利用 BIM 技术，建立数字化管理平台，使设计更加标准化、可视化和模拟化，以实现构件信息的数字化管理。该项目通过深入研究设计方案，确保各个环节的工艺细节和方案能够满足施工要求，同时也能够满足绿色建筑的需求，合理安排节能装置，最大限度地减少能源消耗。

该项目采用先进的物联网技术，结合 BIM 三维模型，可以在标准化的工厂中实施预制生产，同时引入智能生产设备，使数字设计与智能生产线之间的交互更加便捷，有助于提高构件的整体精度，同时也有助于改善构件的品质。这种方法可以显著降低人工成本和资源的浪费，从而提高效率。

 意见和建议

一是建议加大对装配式建筑结构体系（尤其是钢筋混凝土结构）的研究，实现建造与使用阶段的低碳与安全。

二是建议提高绿色金融对绿色建筑的支持力度。

参考文献

屠萌，2021. 济南市建筑垃圾管理问题研究［D］. 上海：东华大学.

边昕，李月，2020. 青岛市建筑垃圾回收政策调研分析［J］. 山东农业工程学院学报，37（9）：51-54

王正，邱国林，2023. 双碳背景下装配式建筑发展研究［C］. China Academic Journal Electronic Publishing House.

周正，2023. 可持续理念下绿色交通规划的方法研究［J］. 黑龙江交通科技，46（6）：141-143.

附
录

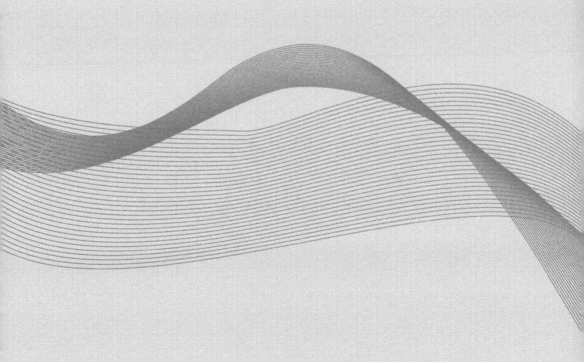

附录 1：山东省相关标准、文件要求

《山东省绿色建筑促进办法》（省政府令第 323 号）

《山东省人民政府办公厅关于推动城乡建设绿色发展若干措施的通知》
（鲁政办发〔2022〕7 号）

《关于加强县城绿色低碳建设的意见》（建村〔2021〕45 号）

《关于印发城乡建设领域碳达峰实施方案的通知》（建标〔2022〕53
号）

《关于推进我省绿色低碳县城建设的意见》（鲁建节科字〔2021〕8
号）

《关于推动新型建筑工业化全产业链发展的意见》（鲁建节科字
〔2022〕5 号）

《关于印发山东省新型建筑工业化全产业链发展规划（2022—2030）
的通知》（鲁建节科字〔2022〕9 号）

《山东省建筑节能技术产品应用认定技术要求（第一批）》（鲁建节
科函〔2022〕10 号）

《山东省工程建设标准化管理办法》（省政府令第 307 号）

《山东省城乡建设领域碳达峰实施方案》

《关于规范建筑垃圾全过程管理工作的若干措施》

《山东省绿色建材推广应用三年行动方案（2022—2025 年）》

《山东省建筑节能技术产品应用认定管理办法》

《山东省民用建筑节能条例》

《山东省标准化条例》

《山东省绿色建筑标识管理办法》

《建筑与市政工程绿色建造技术标准》

《预拌混凝土绿色生产技术规程》

《居住建筑节能设计标准》（DB37/5026—2022）

《绿色建筑设计标准》（DB37/T 5043—2021）

《绿色建筑评价标准》（DB37/T 5097—2021）

《绿色工业建筑评价标准》（GB/T 50378—2019）

《被动式超低能耗居住建筑节能设计标准》（DB37/ T 5074—2016）

《超低能耗公共建筑技术标准》（DB37/T 5237—2022）

附录 2：山东省建筑垃圾减量化工作实施方案

为贯彻落实住房和城乡建设部《关于推进建筑垃圾减量化的指导意见》（建质〔2020〕46 号），做好建筑垃圾减量化工作，促进绿色建造和建筑业转型升级，结合我省实际，制定以下实施方案：

一、工作目标

2025 年底，各地区建筑垃圾减量化工作机制建立并进一步完善，实现新建建筑施工现场建筑垃圾（不包括工程渣土、工程泥浆，下同）排放量每万平方米不高于 300 吨，装配式建筑施工现场建筑垃圾排放量每万平方米不高于 200 吨。

二、主要措施

（一）推行绿色策划

1. 落实企业主体责任

按照"谁产生、谁负责"原则，落实建设单位建筑垃圾减量化首要责任。建设单位应将建筑垃圾减量化目标和措施纳入招标文件和合同文本，将建筑垃圾减量化措施费纳入工程概算，并监督设计、施工、监理单位落实。

2. 实施新型建造方式

大力发展钢结构等装配式建筑，新建城镇民用建筑规划条件、建设条件应当明确装配式建筑比例、装配率、评价等级等要求，政府投资或政府投资为主的建筑工程全面按照装配式建筑标准建设，持续推动内墙板、预制楼梯板、预制楼板等成熟预制部件应用。鼓励创新设计、施工技术与装备，实行全装修交付，减少施工现场建筑垃圾的产生。在建设单位主导下，推进建筑信息模型（BIM）等技术在工程设计、施工中的应用，减少设计中的"错漏碰缺"和施工中的返工整改。

3. 采用新型组织模式

加快推进工程建设组织实施方式改革，落实工程总承包和全过程工程咨询指导意见，研究制定招标文件和合同示范文本，推动工程总承包和全过程咨询服务在房屋建筑和市政工程领域有序开展、规范发展，加强设计与施工的深度协同，构建有利于推进建筑垃圾减量化的组织模式。

（二）推行绿色设计

4. 贯彻绿色设计理念

贯彻落实"适用、经济、绿色、美观"的建筑方针，统筹考虑工程全寿命期的耐久性、可持续性，突出建筑使用功能及节能、节材和环保等要求，从源头上预防和减少工程建设过程中建筑垃圾的产生，有效减少工程全寿命期的建筑垃圾排放。鼓励采用高强、高性能、高耐久性和可循环材料以及先进适用技术体系等开展工程设计。积极推广应用绿色建材，政府投资或以政府投资为主的建筑工程优先使用获得认证的绿色建材，逐步提高城镇新建建筑中绿色建材应用比例。

5. 提高设计质量

设计单位应根据工程地形地貌合理确定场地标高，开展土方平衡论证，减少渣土外运；选择适宜的结构体系，减少建筑形体不规则性；提倡优先考虑使用再生混凝土、再生砂浆、再生砖、再生路面等再生建材产品；提倡建筑、结构、机电、装修、景观全专业一体化协同设计，保证设计深度满足施工需要，减少施工过程中的设计变更。根据"模数统一、模块协同"原则，推进功能模块和部品构件标准化、建筑配件整体化、管线设备模块化，减少异形和非标准部品构件。对改建扩建工程，鼓励充分利用原结构及满足要求的原机电设备。

（三）推行绿色施工

6. 编制专项方案

施工单位应组织编制施工现场建筑垃圾减量化专项方案，明确建筑垃坂减量化目标和职责分工，提出源头减量、分类管理、就地处置、排放控制、污染防治的具体措施。

7. 加强设计深化和施工组织优化

施工单位应结合工程加工、运输、安装方案和施工工艺要求，积极利用 BIM 技术和智能化技术，细化节点构造和具体做法，优化施工组织设计，合理确定施工工序。推行数字化加工和信息化管理，实现精准下料、精细管理，降低建筑材料损耗率，提高资源利用率。

8. 强化施工过程质量管控

加强施工图纸会审，合理安排施工进度，通过提高施工水平、改善施工工艺，减少施工垃圾产生。施工、监理等单位应严格按设计要求控制进场材料和设备的质量，严把施工质量关，强化各工序质量管控，加强施工现场巡视，及时发现问题、及时更正处理，做好施工过程中各分部分项工程的质量预检及隐蔽验收工作，杜绝施工过程中偷工减料、以次充好、降低工程质量的现象，减少因质量问题导致的返工或修补。加强对已完工工程的成品保护，避免二次损坏。

9. 提高临时设施和周转材料重复利用率

施工现场办公用房、宿舍应优先采用可周转、可拆装的装配式临时用房和标准化、可重复利用的作业工棚、试验用房及安全防护设施。鼓励采用装配式场界围挡和拼装式临道路板，鼓励采用如铝合金、塑料、玻璃钢及其他可再生材质的大模板和钢框镶边模板等工具式模板，鼓励采用钢板桩、型钢水泥土搅拌墙、钢支撑等可回收、可循环利用材料作为基坑支护材料。鼓励施工单位在一定区域范围内统筹临时设施和周转材料的调配。

10. 减少施工现场建筑垃圾排放

施工单位应实时统计并监控建筑垃圾产生量，及时采取针对性措施降低建筑垃圾排放量。鼓励采用现场泥沙分离、泥浆脱水预处理等工艺，减少工程渣土和工程泥浆排放。应充分考虑消防立管、消防水池、照明路线、道路、围挡等与永久性设施的结合利用，减少因拆除临时设施产生的建筑垃圾。

11. 实行建筑垃圾分类管理

施工单位应建立建筑垃圾分类收集与存放管理制度，对建筑垃圾划分类别，实行分类存放、运输、消纳和利用。鼓励以末端处置为导向对建筑垃圾进行细化分类。鼓励利用智慧工地监管平台等信息化手段，对建筑垃圾收集、存放、利用、外运等过程进行实时监管，并建立电子台账。禁止将生活垃圾、工业垃圾等混入建筑垃圾，对含有危险废物纳入环境监管的建筑垃圾，应按照环境保护相关规定予以处理。

12. 提升建筑垃圾资源化利用水平

对产生的建筑垃圾，应根据场地条件，优先选用场内加工、工程回填、洼地填充、绿化用土或堆山造景等处置方式进行减量化处理，并采取洒水抑尘措施。对施工现场不具备就地利用条件的建筑垃圾，应按规定及时转运至有相应能力的垃圾处置场所进行资源化处置和再利用。加强对外运处置建筑垃圾的运输管理，杜绝擅自倾倒、抛洒行为。加大再生建材产品推广力度，在政府投资的市政基础设施、海绵城市建设、房屋建筑中，优先使用符合质量标准的再生建材产品。

三、组织保障

（一）加强组织领导

各市要建立健全住房城乡建设主管部门牵头、各有关部门参与的建筑垃圾减量化工作机制，结合实际制定实施方案，加快推进建筑垃圾源头减量。各级环境卫生主管部门要统筹建立健全建筑垃圾治理体系，进一步加强建筑垃圾收集、运输、资源化利用和处置管理。

（二）强化技术支撑

鼓励建筑垃圾减量化技术和管理创新，支持创新成果快速转化应用。研究制定山东省建筑垃圾排放限额，加快制定完善施工现场建筑垃圾分类、收集、统计、处置和再生利用等相关标准。

（三）加强督促指导

将建筑垃圾减量化纳入绿色施工、文明施工内容，鼓励建立施工现场建筑垃圾排放量公示制度，落实建筑垃圾减量化指导手册，积极打造建筑垃圾减量化样板工程，引领推进建筑垃圾减量化工作深入开展。

（四）加大宣传力度

要充分发挥舆论导向和媒体监督作用，通过报刊、电视、电台、网络等媒体，宣传建筑垃圾减量化的重要性，普及建筑垃圾减量化有关基础知识，积极营造各方共同关注支持的工作氛围。

.